"十四五"时期国家重点出版物出版专项规划项目

新能源先进技术研究与应用系列

超高性能混凝土
风电塔筒结构设计基础

Structural Design Basis of Ultra-High
Performance Concrete Wind Turbine Tower

吴香国　张学森　著

哈尔滨工业大学出版社

HITP　HARBIN INSTITUTE OF TECHNOLOGY PRESS

内 容 简 介

本书在系统总结分析国内外大量有关超高性能混凝土(UHPC)材料与结构性能研究基础上,对 UHPC 抗压、抗拉、疲劳强度进行分级,明确材料计算本构模型及其计算参数取值、基本受力状态验算方法。总结提出陆上 UHPC 风电塔筒结构设计基础,包括结构设计基本原则、承载能力极限状态计算方法、塔筒疲劳验算方法、正常使用极限状态验算方法,对 UHPC 构件保护层和钢筋锚固等构造规定进行了明确。在此基础上,详细阐述了新型塔筒研发和性能分析中涉及的基本理论、国内外规范的相关要求,以及典型塔筒结构分析有限元模型构建。同时,对风电塔筒的结构构造有关要求进行了明确。全书阐述了 UHPC 预应力塔筒节段和特殊转接段性能并分析了其影响因素,为 UHPC 节段和特殊转接段的优化提供了科学参考。以典型轮毂设计高度 160 m(H160)型塔筒为案例,完成了典型塔筒性能分析及其影响因素分析。

本书可供超高性能混凝土新型塔筒结构设计和研发人员参考,也可供相关科研人员参考。

图书在版编目(CIP)数据

超高性能混凝土风电塔筒结构设计基础/吴香国,
张学森著. —哈尔滨:哈尔滨工业大学出版社,2022.5
ISBN 978 - 7 - 5603 - 9997 - 3

Ⅰ.①超…　Ⅱ.①吴…　②张…　Ⅲ.①风力发电-发
电机组-钢筋混凝土结构-结构设计　Ⅳ.①TM315.36

中国版本图书馆 CIP 数据核字(2022)第 068966 号

策划编辑　王桂芝
责任编辑　李长波
出版发行　哈尔滨工业大学出版社
社　　址　哈尔滨市南岗区复华四道街 10 号　邮编 150006
传　　真　0451－86414749
网　　址　http://hitpress.hit.edu.cn
印　　刷　哈尔滨市工大节能印刷厂
开　　本　787 mm×1 092 mm　1/16　印张 14　字数 332 千字
版　　次　2022 年 5 月第 1 版　2022 年 5 月第 1 次印刷
书　　号　ISBN 978 - 7 - 5603 - 9997 - 3
定　　价　98.00 元

前　言

随着风电可再生能源产业的发展,为获取更大更平稳的风速,风力机组的叶片越来越长,塔架越来越高,单机容量也越来越大。其中,塔架是风力发电机的主要承载部件,其将风力机与地面相连,支撑叶轮和机舱,为叶轮提供工作所需的高度来获取更大更平稳的风速,同时承受自然状态下的风载荷,使风力发电机组能够正常运行。面向超高高度(120 m以上)风电塔架发展需求,传统的工程结构材料还面临诸多问题。相对而言,由于钢筋混凝土结构的刚度和稳定性等诸多优势,因此钢-混凝土混合塔架结构得到快速发展和应用,并将成为超高高度风电塔筒结构的主要形式。在混塔结构性能分析和验算中,传统的普通钢筋混凝土结构也面临局部响应超限、耐久性退化等不足。为了缓解超高高度风电塔筒结构地震响应,还有必要优化塔筒结构质量和刚度分布,发展轻质高强塔筒结构。以高性能与超高性能水泥基复合材料为基础,研发新型塔筒结构节段,解决普通钢筋混凝土混合塔筒局部受力超限问题,或者研发新型高性能塔筒结构装备,具有可行性。在高性能水泥基复合材料中,超高性能混凝土(UHPC)具有较高的力学性能和耐久性能,在新型风能工程结构中具有良好的应用前景。

本书在系统总结分析国内外大量有关 UHPC 材料与结构性能研究基础上,对 UHPC 抗压、抗拉、疲劳强度进行分级,明确材料计算本构模型及其计算参数取值、基本受力状态验算方法。总结提出陆上 UHPC 风电塔筒结构设计基础,包括结构设计基本原则、承载能力极限状态计算方法、塔筒疲劳验算方法、正常使用极限状态验算方法,对 UHPC 构件保护层和钢筋锚固等构造规定进行了明确。在此基础上,详细阐述了新型塔筒研发和性能分析中涉及的基本理论,归纳总结了《混凝土结构设计规范(2015 年版)》(GB 50010—2010)、《高耸结构设计标准》(GB 50135—2019)、*Wind energy generation systems-parts 6：tower and foundation design requirements*(IEC 61400—6—2020)、*Wind energy generation systems-parts 1：design requirements*(IEC 61400—1—2018)等国内外规范的相关要求,以及典型塔筒结构分析有限元模型构建方法。同时,对风电塔筒的结构构造有关要求进行了明确。全书阐述了 UHPC 预应力塔筒节段和特殊转接段性能并分析了其影响因素,为 UHPC 节段和特殊转接段的优化提供了科学参考。以典型轮毂设计高度 H160 型塔筒为案例,完成了典型塔筒性能分析及其影响因素分析。

全书分 8 章,第 1 章为绪论,介绍了风电塔筒结构分析涉及的基本内容;第 2 章介绍了超高性能混凝土基本性能,包括计算模型和计算参数;第 3 章介绍了陆上 UHPC 风电塔筒结构设计基础,包括结构设计基本原则、承载能力极限状态计算方法、塔筒疲劳验算方法、正常使用极限状态验算方法、构造规定等;第 4 章介绍了 UHPC 预应力塔筒节段性能优化,包括 UHPC 塔筒有限元模型、承载能力极限工况下塔筒性能分析、正常使用工况验算与分析,给出了结构性能影响规律;第 5 章介绍了混凝土塔筒顶部转接段结构性能分析与优化,包括塔筒顶部转接段性能、转接段塔筒截面优化;第 6 章介绍了 H160 型塔筒结构受力性能,包括塔筒模态分析、塔筒稳定性(屈曲)分析、水平接缝截面主应力、同 H140 塔筒应力对比分析、H160/UHPC 塔筒截面改进设计等;第 7 章为塔筒的地震响应分析,包括涉及的基本概念、地震波的选取与调整、地震波的施加过程,以及典型塔筒的时程分析结果;第 8 章为典型风电塔筒疲劳特性分析,包括基于 FE. SAFE 软件的 UHPC 塔筒疲劳特性模型构建过程以及性能分析。

本书主要由吴香国负责统稿撰写,高级工程师张学森负责相关案例及其分析;高级工程师申超负责复核;博士生林揽日负责新型转接段章节的建模和分析;博士生王龙负责疲劳模型的构建和分析;工程师韩京城负责有关指标取值的复核验算;硕士生张庆天、施豪杰、刘万通、王子腾等负责全书有关算例分析、插图、文字等的整理工作。

由于作者水平有限,书中难免有疏漏及不足之处,敬希各位专家和读者不吝批评指正。

作　者

2022 年 4 月

目　　录

第1章 绪 论

1.1 风电能源发展对塔架的创新要求

进入 21 世纪后,由于化石燃料的逐渐耗竭和日益出现的与生产消费有关的环境问题,人们对环境问题和可持续发展的关注大大增加。在需要提高能源效率并尽量减少对环境影响的要求下,风能作为一种可再生能源得到快速发展。全球风能理事会(GWEC)发布的《全球风能报告 2022》指出,2021 年,全球风电行业新增并网量达 9 370 万千瓦,为仅次于 2020 年的历史第二高纪录。不过,受多重因素影响,2021 年全球风电项目交付速度有所放缓。GWEC 表示,各国应进一步加大对风电行业的支持力度,以推动风电装机以更高速度增长。我国持续位居全球风电市场首位,根据 GWEC 的数据,2021 年我国陆上风电新增装机量约为 3 007 万千瓦,虽较 2020 年有所下降,但仍是全球陆上风电新增装机量最高的国家。美国位居第二,2021 年新增陆上风电并网装机容量为 1 270 万千瓦。与此同时,欧洲、拉丁美洲、非洲以及中东地区 2021 年陆上风电新增装机量也创下历史新高,同比涨幅分别高达 19%、27% 和 120%。

在海上风电领域,2021 年全球海上风电新增并网量达到 2 110 万千瓦,创下历史新高,全球海上风电累计装机量达到 5 700 万千瓦,同比上涨了 7%。GWEC 指出,2021 年我国海上风电新增并网装机量占全球新增总量的 80%,已经超过英国成为全球海上风电累计装机量最多的国家,这也是我国风电新增装机量连续第四年全球居首。同期内,英国海上风电新增并网容量超过 230 万千瓦,其中浮式海上风电新增装机量达到 5.7 万千瓦,创下历史最高纪录。另外,越南因海上风电电价补贴政策变化,2021 年新增并网装机量为 77.9 万千瓦,成为全球第三大海上风电市场。即便如此,当前增量仍不足以满足需求。根据 GWEC Market Intelligence 预测,如果要在 2030 年实现将全球变暖限制在 1.5 ℃ 的水平,以目前的装机速度,提供的风能甚至达不到所需装机量的 2/3。

在我国,随着风电市场在低风速区和深远海的发展,巨大的市场驱动对发展高效能新型风电装备产品提出了新要求。风力发电机组是风力发电的主要装置,它由叶片、轮毂、主轴、轴承、齿轮箱、发电机、机舱、塔架、偏航系统、变桨系统、液压驱动系统以及其他机械装置组成。塔架是风力发电机的主要承载部件,它主要有两个功能,其一是将风力机与地面相连,支撑叶轮和机舱,为叶轮提供工作所需的高度来获取更大的风能和平稳的风速,另一作用是承受自然状态下的风载荷,使风力发电机组能够正常运行。塔架下面连接着基础,上面支撑着风电机的机舱底座、风轮等主要发电部件,是风力机的承载基础,要求有足够的刚度和强度。塔架除了受到风力机的载荷作用外,还要受到自然风甚至暴风对它的气动推力和阻力的影响。自然风和暴风的风速及风向都处于不断的变化中,会给风力机带来极大的瞬间载荷和交变载荷。因此,塔架在工作时,受到多种载荷的共同作用,有支持风力机的自重(包括塔架、前后机架、风轮、变桨机构、偏航机构、传动机构、液压系统和控制系统等),风轮旋转时产生的动载荷,还有自然风的作用。塔架在多种载荷作用下产生变形,塔架的变形和振动会增大附加应力,降低整个系统的结构强度,还可能影响到其他部件的变形,导致整机性能下降。

在我国,由于东部低风速区风资源不及三北地区(东北、华北和西北)充足,但其电力需求量却远大于后者,因此为了缓解此矛盾,近年来我国风电场布局逐渐由三北地区向中东部低风速区和海上风电转移,而在低风速区为了获取更充分、更稳定的风资源,需要增大风轮直径、提升轮毂高度。面向海上风电产业,发展具有高耐久的高性能材料塔筒装备产品对于实现风电装备的可持续发展具有重要意义。在中东部地区,为了获取更大更平稳的风速,使得风力机产生更大的风能,就必须要获取更高处的风,这对大型风电机组及其配套基础设施提出了更高需求,使得风力机组的叶片越来越长,塔架越来越高,单机容量也越来越大。从 1991 年到现在,风力机组从不到 1 MW 发展到现在的 8 MW、10 MW风机。塔架作为主要承重部件,高度要达到 100 m 以上,才能获得较大的风速和较大的电量,此时的风速和风向将在塔顶产生极大的压力,而轴向压力会对塔架各截面产生弯矩,外载荷增大,弯矩会增大,到一定数值后会使塔架某个截面超过其屈服极限。由于动力特性不足、耐久性能退化等多种因素,在风电快速发展的同时,大型风电机组的气动载荷、惯性载荷、重力载荷均会加剧,传统的风电塔架倒塔事故频发,如图 1.1 所示。

图 1.1　风电塔架倒塔事故

对典型塔筒结构的静强度分析结果表明,在相同载荷工况下,钢塔筒的应力和变形比预应力混凝土塔筒都要大。面向超高高度大型风电塔架设计,要合理地创新塔架结构材料和结构体系设计,确保塔架要满足静力、动力、疲劳特性要求。传统的风电塔架结构材料面临局限性,包括基于超高高度塔架结构性能设计的对结构材料强度、结构刚度、结构疲劳特性等指标的进一步提升。近年来国内外发展了多种形式的风电塔筒装备产品,如图 1.2 所示。

相对于钢构塔筒,混凝土塔筒具有取材方便、制造成本低廉等优点。混凝土塔体成本要明显低于钢结构塔体,其单位应力所对应的价格较低,同时在可塑性方面,混凝土结构可以浇筑不同形状的结构。在强度方面,混凝土塔筒也能够有效地发挥其优势,避免了局部稳定问题的产生。混凝土强度大、阻尼大、动力响应和动力系数小等特点,既有利于结构的变形控制,又有利于抗震、抵抗冲击。同时为了克服自重大的缺陷,可以采用高强度的混凝土和钢筋;为了预防其脆性的特点,还可以在混凝土中加入一定量的纤维制成纤维

(a) ATS混塔   (b) ACCIONA塔筒   (c) ESTEYCO自提升塔筒

图 1.2 典型混塔装备形式

混凝土。

在风电塔筒结构形式方面,目前最常用的结构形式是预制装配式钢筋混凝土锥筒式塔架。该形式的塔架一般由若干段锥筒用法兰连接而成,由于风载荷对基础的作用弯矩最大,所以塔架从下向上直径逐渐减小,底部直径最大,顶部最小,因此也简称为"风电塔筒"。这类塔架刚度大,耐久性好,且采用装配式建造方案,预制节段装配式建造方案解决塔架的工业化生产和大尺寸构件的运输问题,构造措施和施加的预应力确保了塔架的整体稳定性,已成为风电基础设施发展的重要方向。

高强混凝土材料与高强钢材料的组合形成预应力钢混风电塔架,具有较为理想的结构性能,相较于全钢塔筒,其更不易发生局部屈曲破坏和疲劳破坏,提高了塔筒整体的弯曲延性,能够更好地控制塔筒变形。特别是在地震区,预应力混凝土由于其较高的结构阻尼和抗疲劳能力,能抵抗较高的动载荷。同时由于混凝土是一种非常耐用的材料,与全钢风电塔筒相比,预应力钢混风电塔架能在恶劣的风条件下保持更为良好的工作性能,也减少了日常维护。此外,混凝土的质量提高了塔架的稳定性,以抵抗倾覆。这些特性使得预应力钢混风电塔筒成为超高度塔架结构形式的理想选择,目前得到较为广泛的研究和应用。

现阶段,高强混凝土已使用到预应力钢混风电塔架的设计中。例如,现有工程的 140 m 塔架使用 C80 混凝土材料,其设计中除了自上而下贯通的预应力钢筋外,还需要在塔筒内部布置大量的普通钢筋,以满足普通高强混凝土塔筒的安全性,但是由于配筋复杂,因此影响建造工效,如图 1.3 所示。

根据现有设计理论,由于是节段拼装装配式塔筒结构,一般拼接缝成为主要控制截面,因此大量竖向和环向钢筋为构造钢筋,不仅影响工程造价,也为预制作业带来诸多不便。与此同时,随着风电塔架高度的增加,塔筒结构的地震响应也在增大。为了改善结构的地震响应,有必要减小节段自重,发展轻质高强的新型节段管片。此外,在 160~200 m 的超高轮毂设计高度的混凝土塔筒中,由于普通高性能混凝土的抗压强度和抗拉强度水平,塔筒塔身中部的混凝土拉应力存在局部超限,为普通高强混凝土塔筒管片结构的进一步减筋优化带来挑战。

风电混凝土塔筒顶部转接段作为连接上部钢质塔筒转接段和下部钢筋混凝土塔筒的转换传力结构,其结构性能对风电塔架整体结构的正常工作具有决定性作用。由于塔架

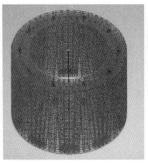

图 1.3　塔筒及其管片复杂钢筋工程

转接段处的构件较多、受力较为复杂,在塔架设计中经常会单独进行转接段处的精细化有限元分析。转接段处钢筋混凝土塔筒的破坏模式是在极端载荷作用下受拉侧部件的受拉破坏导致塔架的整体倾覆,这些受拉侧部件包括连接锚杆、钢质塔筒和钢筋混凝土塔筒,其中钢筋混凝土塔筒作为转接段的基础,其稳定的受力性能是转接段正常工作的关键。传统的转接段因为预应力锚固和局压构造要求,其配筋相对复杂,发展新型高性能转接段对于提高塔筒建造工效具有显著的工程意义。积极采用新型高性能工程结构材料,改善塔筒结构受力性能,提高工程建造工效,显得十分必要。

1.2　国内外研究综述

1.2.1　装配式混凝土塔筒性能研究现状

1.动力学特性研究现状

在新型风力发电机组塔筒研发时,认识塔筒结构动力特性影响因素,对于风电塔筒初步设计十分重要。在初步设计过程中,需要对风电塔筒进行模态分析,计算塔筒结构的固有频率,校核塔筒与叶片的周期性激励频率,避免叶片激励和风载作用共振。结构的动力特性分析是研究结构的固有频率和模态振型,关系到结构的工作性能和整体稳定性。风力发电机组的塔筒受到上部叶片旋转产生的周期性机理和风载荷对其动态作用的共同作用,此时会导致塔架的周期性振动。这种振动引起的塔筒的附加应力效应,不仅仅会影响塔筒结构整体的强度,而且会引起塔筒顶部叶轮的振动和塔筒部件的变形。

在动力特性计算方法方面,目前主要采用多体动力学、模态分析法及有限元法。而其中对于塔筒模态分析主要采用矩阵分析法、雷利分析法。根据动力特性对塔筒的振动模态进行分类,可以分为扭转振动模态、前后弯曲振动模态及侧向弯曲振动模态。采用有限元数值模拟技术,分析塔架的固有频率特性,研究影响新型塔架结构固有频率的相关结构参量,可为新型塔架结构方案的优化改进提供依据。

在风力发电机组系统有限元模态分析中,应考虑土—结构的相互作用,即考虑地基刚度影响以提高动力特性分析精度。研究表明,随着地基弹性模量的下降,风电塔筒的固有频率也会有所下降,风电塔筒的地基土密度对于固有频率的影响不大。通过在塔底设置弹簧来代替完全固定边界条件是常用的方法,此时塔筒模态频率将有所降低,尤其是历经地基长期不均匀作用后。不考虑地基刚度影响得到的塔架结构固有频率往往相差较大。此外,目前的研究多集中在地基平动刚度对风电塔筒体系的固有频率的影响。

一般来说,混合塔架各阶频率随着塔架的宽高比的增大而增大,即塔架刚度增大,固有周期减小。目前多针对等截面厚度塔筒研究,对于变壁厚装配式塔筒固有频率研究较少。塔顶质量对结构动力特性影响显著,研究表明,风力发电机塔架顶部安装叶轮和机舱后,会导致塔架的弯曲振动频率显著降低,而扭转振动频率反而略有提高。

振动对塔筒结构动力响应有影响。风电塔筒近似于细长的悬臂梁结构,静力风载荷作用下,塔筒结构容易发生水平侧向弯曲,动力风载荷作用下塔筒结构容易发生风致动力响应。风力塔架的振动会影响结构的可靠性,增加了结构损伤的可能性。振动对风电塔筒结构产生的最大危害就是塔筒截面的变壁厚薄弱部位处应力集中过大,强度大大降低。针对刚度、强度和质量不发生任何改变的特定风电塔筒结构,如何高效且经济地降低风电塔筒结构的风致振动,是塔筒结构中一个热点话题。相对而言,单纯采取加大构件截面尺寸或提高材料强度等级的方式来增加塔筒结构自身刚度和强度,并依靠其结构自身来耗散振动能力并不经济。

2. 稳定性分析研究现状

风电塔筒从本质上来讲,属于压弯构件类型,也是受压结构。预应力装配塔筒本质上属于压弯构件,属于细长薄壁构件,柔度较大,由于风机设计使用年限一般为 20 年,在正常运行下,很有必要验算塔筒的屈曲分析。因此,塔筒稳定性问题是结构初步设计后面临的整体性能评判指标。特征值屈曲分析属于线性分析,是第一类稳定问题的解。分析只能得到屈曲载荷和相应的失稳模态,是非线性屈曲分析的基础。特征值相当于塔筒结构的载荷放大倍数,一般取第一阶最小的特征值。显然当结构有多个临界载荷时,取最小特征值,此时结构的临界载荷就等于最小的特征值与实际中所施加的载荷的乘积。非线性屈曲分析必须基于特征值屈曲得到的临界载荷,在此基础上,逐渐增大载荷从而继续对结构进行屈曲分析。一直增大到结构所能承受的最大载荷,得到结构的后屈曲特性。

在计算方法方面,经典的理论计算得到的屈曲临界载荷往往偏高,而基于有限元的非线性屈曲能考虑塔筒的材料非线性和几何非线性等非线性因素,并且在迭代计算方法方面与上述有很大的不同,有限元算法要比工程的理论算法更精确。即有限元计算得到的屈曲临界载荷可以作为对工程算法的修正,为工程实际提供参考,同时还可为塔筒结构屈曲优化提供优化方向和初始的参数。

在塔筒稳定性影响因素方面,研究结果表明,不同载荷情况下塔筒屈曲变形也有所不同,轴向载荷(包括机组的重力)及风轮传给塔筒的横向载荷对塔筒的屈曲失稳起主要作用,其他载荷起次要作用;机舱偏心距引起的弯矩对屈曲有一定的影响。关于塔筒本身的几何构造或尺寸影响,塔架的屈曲强度主要与塔壁的厚度有关,壁厚分布决定了塔架的稳定性,应力较大、挠度较大的薄壁部位最易发生屈曲失稳。此外,风电塔筒本质上属于薄壁型压弯构件,底部开设门洞对结构稳定性影响敏感。门洞开口的形状对塔筒的屈曲性能有很大的影响,在相同的载荷及其他方面均相同的条件下,圆弧形门洞要比矩形门洞有更好的屈曲性能。同时在门洞的位置处进行门框局部加强对塔筒的屈曲强度有一定的提高作用。

在塔筒结构稳定性的改善方面,因为一阶屈曲临界载荷决定着塔架的稳定性能,风电塔筒在外界载荷作用下,应力最大的位置不一定就是屈曲的薄弱点,应力较大同时挠度较大的位置往往才是塔筒发生屈曲失稳的薄弱点。在实际工程应用中,如果静力强度满足,但是塔筒的局部屈曲安全系数较低,此时采取局部加强薄弱部位的方式,而不是采用整体更改塔筒的整体尺寸,这样就达到了缩减设计周期的目的。结构屈曲对底部开门洞高度敏感,都必须考虑门洞的影响。当采用加门框的门洞结构时,风电塔筒的屈曲强度将会增强。

3. 承载强度特性研究现状

静力强度验算包括塔筒强度验算、拼接缝验算等。研究分析预应力混凝土塔筒和钢塔筒应力分布及其影响因素,是混合塔筒方案与截面优化设计基础。

风电塔筒主要受到剪力(水平风载荷)、轴力(自重及塔顶风机质量)、弯矩(塔顶风机相对于塔筒产生的偏心距)和扭矩(塔顶风机工作时的扭动)四种外部载荷。基于以上四种主要载荷可能存在两种破坏模式,剪扭作用下的剪扭破坏和轴力弯矩作用下的压弯破坏。但在实际工程中,由于风速大小不定,风机型号不同,故四种载荷的相对比例也不尽相同。

根据缩尺塔筒模型进行的现浇混凝土塔筒的单调静力加载试验结果表明,塔筒在受到水平方向载荷作用情况下,试件破坏时,塔筒底部受压区混凝土被压碎,受拉区混凝土裂缝表现出了等间距分布的规律,受拉侧钢筋受拉屈服,表现出典型的弯曲破坏特征,而且破坏属于适筋破坏形态。我国现行钢筋混凝土环形截面构件正截面承载力公式是对于普通混凝土、普通钢筋适用的,而对于超高性能混凝土结构存在较大不同。

在装配式混凝土塔筒性能研究方面,混凝土塔筒管片尺寸和形式对风力机塔架力学性能的影响结果表明,管片形式对塔架结构的刚度有影响。塔筒的静力分析表明,改变塔筒管片壁厚能够显著影响钢塔筒的应力和塔筒顶部位移,但却几乎不影响混凝土塔筒中的应力分布,且混凝土塔筒中预应力筋的松弛会增大承压垫片和塔筒法兰之间的空隙,最终使得钢塔筒底部应力快速增大。

4. 拼接缝形式和受力机理研究现状

混凝土塔筒管片连接构造形式对塔架结构的刚度有影响。一般情况,将塔体水平和竖向拆分成若干节段,采用竖向缝和错开竖向缝的灌浆连接,可提高分段混凝土塔的刚度。在竖向拼接缝连接形式方面,目前形成了多种典型的竖向拼接缝浆锚连接设计,比如预应力混凝土管片竖缝采用干式连接,通过左右两片预埋插筋,然后再进行竖缝插筋灌浆,如图1.4所示,其连接件承载性能和抗疲劳性能满足使用要求。

采用环中插筋方式的竖缝连接,如图1.5所示。需要验算竖向拼接缝混凝土压应力是否满足裂缝验算要求,以及需要验算U形钢筋局部稳定性等。

在竖向拼接缝受力性能影响因素方面,国内有关对预制大板结构的往复载荷试验结果表明,竖缝受剪承载力极值受到缝宽与结合筋的直径影响,而且受剪承载力最大值正比于结合筋的直径,且与缝宽存在非线性关系,基于钢筋的销栓作用机理和混凝土的斜压杆

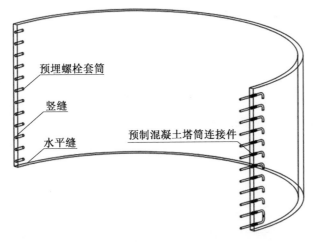

图 1.4 塔筒竖缝构造示意图

图 1.5 环中插筋构造实体图

机理可为塔筒竖缝受剪承载力验算提供参考。类似的工作还有预制剪力墙竖缝受剪性能的试验研究,预制剪力墙试件和现浇剪力墙试件的对比试验结果表明,带竖缝预制剪力墙的抗震性能与现浇剪力墙基本一致,虽然承载力有所下降,但是下降幅度很小,而且该预制剪力墙的滞回耗能性能和延性都有一定程度的提升,竖缝剪力墙与塔筒竖向拼接缝环片作用机理具有相似性。

在水平拼接缝对结构受力性能的影响方面,典型塔筒的分析验算表明钢筋在节段拼装水平接缝处是否连续基本不影响预应力钢-混凝土混合塔筒承载力和模态参数。典型塔筒的水平缝节点受力模型分析研究表明,在竖向预应力作用下,塔筒水平截面未出现拉应力,水平缝预埋件压应力远小于屈服强度不会发生屈曲,混凝土塔筒接缝满足变形协调性条件。

目前,塔筒水平拼接缝界面构造也存在多种形式,针对不同的水平缝连接界面分别对应有不同的受剪机理模型。大部分拼缝界面研究基于剪切摩擦模型,但对于齿槽界面,一部分基于剪切摩擦理论,一部分基于斜压杆理论,另外一部分基于摩尔库仑破坏准则。

剪切摩擦理论是指混凝土裂缝界面受到剪力作用时发生滑移现象,若界面粗糙且不规则就会产生相对分离,从而使结合筋产生拉应力,反过来给混凝土截面施加压力,从而产生摩擦力抵抗截面上的剪力,如图 1.6(a)所示。另外,修正的剪切摩擦理论认为界面受剪主要由界面自身的咬合作用、钢筋自身的销栓作用以及钢筋由于受拉对其附近混凝土产生挤压的摩擦作用进行受剪,如图 1.6(b)所示。

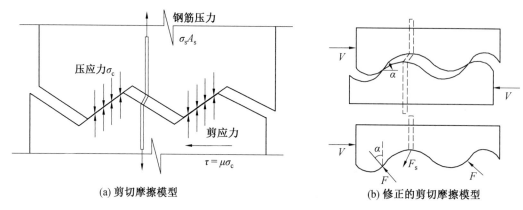

(a) 剪切摩擦模型   (b) 修正的剪切摩擦模型

图 1.6   剪切摩擦模型

键槽斜压杆作用机理认为齿槽内的混凝土受到两种力:一种是压力,另一种是拉力且与压力正交,这样接缝处的混凝土就会在齿槽内形成一个斜压杆。当接缝宽度较小时,斜压杆于一个齿槽中形成,如图 1.7(a)所示;当缝宽较大时,在两个齿槽内形成,如图 1.7(b)所示。从图 1.7(a)中 A、B、C 三点中分别取出一个正方形单元体进行分析。B 点受纯剪切,A、C 点受压,单个斜压杆受力模型如图 1.7(c)所示。

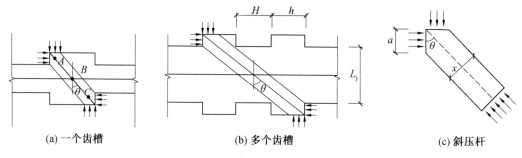

(a) 一个齿槽   (b) 多个齿槽   (c) 斜压杆

图 1.7   斜压杆受力机理

钢筋销栓作用机理认为,穿过水平缝界面的连接件的销栓作用首先指的是其抗弯强度,沿着界面的剪切滑移将会导致连接件上部和下部的横向位移,从而导致由接缝张开时引起的钢筋轴向拉力,进而引起钢筋的弯曲应力,如图 1.8 所示。由钢筋销栓作用产生的剪切抗力机理可以为该类界面连接抗力验算提供参考。

基于摩尔库仑理论受剪机理理论认为,当正应力与剪应力的比值较小时,在剪力和压力的复合受力状态下,使用库仑理论解释比较合理。

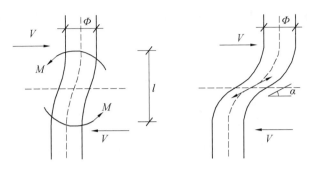

图 1.8　销栓作用机理：钢筋的扭转和弯曲

5. 装配式塔筒门洞的研究现状

塔筒门洞设置在塔筒底端，以便于工作人员和相关设备的进出，但是门洞是风电塔筒体系中最容易出现破坏的位置之一。同时，塔筒门洞是风电塔筒体系的薄弱处，会存在门洞的缺口效应，应力状态比较复杂，门洞设计的好坏直接影响到塔筒结构的可靠性，对整个结构的强度、模态及稳定性均有一定的影响。

目前国内外多通过借助有限元模拟的方法，对于塔筒门洞的静强度、模态、刚度及屈曲稳定性进行研究。研究表明，塔架门洞附近应力集中明显。其中，当桨叶叶轮转动到门洞最上方的时候，塔筒门洞应当与主风向两者之间不在同一方向上，此时体系所承受的应力最大。研究发现塔筒门洞截面应力随着塔架高度的升高而减小，其中变直径处和变壁厚处的应力出现了显著的突变情况。高低阶模态对于门洞的结构动力影响较大，其中低阶模态所产生的结构影响力较大，衰减缓慢。

在门洞对塔筒结构稳定性影响方面，研究表明门洞开口的方向与装配式风机塔筒的屈曲承载力之间存在联系，矩形门洞的屈曲承载力要明显低于圆弧形门洞。通过加强门洞框体的结构强度，能够有效改善塔筒的屈曲性能。由于门洞对于结构强度和稳定性的高度敏感，设置一定的构造措施，如加厚门框、用圆弧形门洞代替矩形门洞等是有效的。

1.2.2　塔筒结构设计标准规范现状

1. 动力特性分析

国内外相关规范对风力机塔筒动力特性限值规定存在差异。《高耸结构设计标准》（GB 50135—2019）在计算固有频率时，应考虑基础的影响，同时为了考虑不确定性因素的影响，频率应有 5% 的浮动，规定按下式验算：

$$\frac{f_{\mathrm{R}}}{f_{0,1}} \leqslant 0.95, \quad \left| \frac{f_{\mathrm{R},m}}{f_{0,n}} - 1 \right| \geqslant 0.05 \tag{1.1}$$

式中　f_{R}——正常运行范围内风轮的最大旋转频率；

　　　$f_{0,1}$——塔架（在整机状态下）的第一阶固有频率，应通过实测或监测修正；

　　　$f_{\mathrm{R},m}$——m 个风轮叶片的通过频率；

　　　$f_{0,n}$——塔架在整机状态下的第 n 阶固有频率。

《风力发电机组预应力装配式混凝土塔筒技术规范》（T/CEC 5008—2018）将塔筒视为弹性体系，截面抗弯刚度取 $1.0 E_{\mathrm{c}} I$。塔筒及风电机组组成的结构体系的一阶自然频率与主要激励频率(1P、3P)的相对偏差应不小于 10%，且应位于塔筒允许频率范围内。

欧洲规范 *Germanischer Lloyd*（GL） *IV—Rules and Guidelines Industrial Services Part 一1: Guidelines for the Certification of Wind Turbines*（Edition 2010）考虑不确定性因素的影响，频率应有 5% 的浮动，按下列规定验算：

$$\frac{f_R}{f_{0,n}} \leqslant 0.95 \quad 或者 \quad \frac{f_R}{f_{0,n}} \geqslant 1.05 \tag{1.2}$$

$$\frac{f_{R,m}}{f_{0,n}} \leqslant 0.95 \quad 或者 \quad \frac{f_{R,m}}{f_{0,n}} \geqslant 1.05 \tag{1.3}$$

2. 结构稳定性验算

欧洲规范 *Eurocode* 3*—Design of Steel Structures 一 Part* 1 *一* 6*: Strength and Stability of Shell Structures*（EN 1993−1−6:2007）中规定，对于长柱体钢塔筒的屈曲应力临界限值按以下公式进行计算：

轴向屈曲为

$$\sigma_{x,Rcr} = 0.605 E C_x \frac{t}{r} \tag{1.4}$$

环向屈曲为

$$\sigma_{\theta,Rcr} = E \left(\frac{t}{r}\right)^2 \left[0.275 + 2.03 \left(\frac{C_\theta}{\omega} \frac{r}{t}\right)^4\right] \tag{1.5}$$

欧洲规范 *Edition* 2010 中第6.6.6.1.3节对 C_x 的取值规定为

$$C_x = 1.0 \cdot \frac{\sigma_{x,M}}{\sigma_x} + C_{x,N} \cdot \frac{\sigma_{x,N}}{\sigma_x} \tag{1.6}$$

上式计算需满足的条件为

$$\frac{r}{t} \leqslant 150, \quad \frac{l}{r} \left(\frac{t}{r}\right)^{0.5} \leqslant 6 \tag{1.7}$$

同时，欧洲规范 EN 1993−1−6:2007 的 D.1.2.1 节中写到，可以用简单的表达式 (1.8)代替式(1.6)来进行计算：

$$C_x = 0.60 + 0.40 \cdot \frac{\sigma_{x,M}}{\sigma_x} \tag{1.8}$$

根据欧洲规范 EN 1993−1−6:2007 中 8.5.2 节规定，屈曲应力设计值由式(1.9)计算，标准值由式(1.10)计算：

$$\sigma_{x,Rd} = \sigma_{x,Rk}/\gamma_{M1}, \quad \sigma_{\theta,Rd} = \sigma_{\theta,Rk}/\gamma_{M1}, \quad \tau_{x\theta,Rd} = \tau_{x\theta,Rk}/\gamma_{M1} \tag{1.9}$$

$$\sigma_{x,Rk} = \chi_x f_{yk}, \quad \sigma_{\theta,Rk} = \chi_\theta f_{yk}, \quad \tau_{x\theta,Rd} = \chi_\tau f_{yk}/\sqrt{3} \tag{1.10}$$

同时，根据该规范 8.6～8.7 节规定，屈曲强度校核采用下式进行计算：

$$F_{Ed} \leqslant F_{Rd} = r_{Rd} \cdot F_{Ed} 或 r_{Rd} \geqslant 1 \tag{1.11}$$

式中，设计屈曲抗力比：$r_{Rd} = r_{Rk}/\gamma_{M1}$，这里 γ_{M1} 是分项系数。

钢筋混凝土与预应力混凝土塔筒的稳定性按欧洲规范 *Eurocode* 2*—Design of Concrete Structures 一 Part* 1−1:*General Rules and Rules for Buildings*（EN 1992−1−2001）中的第 5.8 节进行验算，当满足式(1.12)时可不考虑二阶效应的影响：

$$F_{\text{V,Ed}} \leqslant k_1 \frac{n_s}{n_s + 1.6} \frac{\sum E_{\text{cd}} I_c}{L^2} \tag{1.12}$$

3. 截面强度验算

在计算方法方面,对预应力混凝土塔筒结构的静力性能认证评定可以采用数值分析或者实用验算方法进行,国内外相关规范和设计标准对混凝土的相关设计要求还存在差异。

《混凝土结构设计规范(2015 年版)》(GB 50010—2010)对正截面承载能力极限状态验算规定为

$$N \leqslant \alpha \alpha_1 f_c A - \sigma_{\text{po}} A_p + \alpha f'_{\text{py}} A_p - \alpha_t (f_{\text{py}} - \sigma_{\text{po}}) A_p + (\alpha - \alpha_t) f_y A_s \tag{1.13}$$

$$Ne_i \leqslant \left[\alpha_1 f_c A(r_1 + r_2) + r_s f_y A_s + r_p f'_{\text{py}} A_p \right] \frac{\sin \pi \alpha}{\pi} + \left[(f_{\text{py}} - \sigma_{\text{po}}) A_p r_p + r_s f_y A_s \right] \frac{\sin \pi \alpha_t}{\pi} \tag{1.14}$$

正常使用极限状态,对预应力混凝土结构抗裂验算规定如下:

一级抗裂控制等级

$$\sigma_{\text{tp}} \leqslant 0.85 f_{\text{tk}} \tag{1.15}$$

二级抗裂控制等级

$$\sigma_{\text{tp}} \leqslant 0.95 f_{\text{tk}} \tag{1.16}$$

一、二级抗裂控制等级

$$\sigma_{\text{cp}} \leqslant 0.60 f_{\text{ck}} \tag{1.17}$$

《高耸结构设计标准》(GB 50135—2019)对正截面承载能力极限状态的验算规定同《混凝土结构设计规范(2015 年版)》(GB 50010—2010)。《预应力混凝土结构技术规范》(JGJ 369—2016)对正常使用极限状态(在正常使用极限状态验算时,预应力应作为载荷计算效应,同时应力按弹性分析计算)的验算规定为

$$\sigma_{\text{tp}} \leqslant 0.85 f_{\text{tk}} \tag{1.18}$$

$$\sigma_{\text{cp}} \leqslant 0.60 f_{\text{ck}} \tag{1.19}$$

4. 拼接缝性能验算

通过比较,国内规范装配式混凝土水平缝受剪承载力计算公式存在不同差异。

《装配式混凝土结构技术规程》(JGJ 1—2014)考虑了钢筋销栓作用,水平拼接缝受剪承载力按下式验算:

$$V_{\text{uE}} = 0.6 f_y A_{\text{sd}} + 0.6 N \tag{1.20}$$

《混凝土结构设计规范(2015 年版)》(GB 50010—2010)考虑承载力抗震调整系数 γ_{RE},规定按下式计算:

$$V_{\text{uE}} = (0.6 f_y A_{\text{sd}} + 0.8 N) / \gamma_{\text{RE}} \tag{1.21}$$

《风力发电机组预应力装配式混凝土塔筒技术规范》(T/CEC 5008—2018)考虑了压力摩擦影响,并给出了界面摩擦系数 μ 在无实测数据时取值建议值 0.5,规定按下式验算:

$$2V + \frac{T}{r} \leqslant \mu N \tag{1.22}$$

我国较早的《装配式大板居住建筑设计和施工规程》(JGJ 1−91—1991)同时考虑了抗剪键槽和钢筋的贡献,验算规定为

$$V_u = 0.24\xi(n_k A_k + n_j A_j) f_{jv} + 0.56\sum A_s f_y + 0.4N \qquad (1.23)$$

美国规范 *Building Code Requirements for Structural Concrete*(ACI 318−11)适用于存在裂缝、不同材料、不同时浇筑界面的剪力传递问题,验算规定为

$$V_u = \varphi V_n = \varphi A_{vf} f_y \mu \qquad (1.24)$$

式中

$$V_n = \min\{0.2f'_c A_c, (3.3 + 0.8f'_c) A_c, 1.03 A_c\} \qquad (1.25)$$

新西兰规范 *Concrete Structures Standard Part 1 − The Design of Concrete Structures*(NZS 3101—2006)在美国规范 ACI 318−11 的基础上,考虑轴力的贡献,同时规定了钢筋强度上限:

$$V_u = \varphi V_n = \varphi(A_{vf} f_y + N)\mu \qquad (1.26)$$

$$V_n = \min\{0.2f'_c A_c, 8A_c\} \qquad (1.27)$$

加拿大规范 *Design of Concrete Structures*(CSA A23.3−04)通用的接缝界面剪力传递计算公式如下式所示,考虑混凝土抗剪并规定了上限,对界面黏聚力 c 及摩擦系数 μ 的取值做了规定:

$$V_u = \varphi V_n = \lambda \varphi_c [c + \mu(f_y A_s + N)/A_c] A_c \qquad (1.28)$$

欧洲规范 *Design of Concrete Structures*(BS EN 1992−1−1:2004)考虑了混凝土的抗剪贡献,规定了轴力的上限和受剪承载力的上限,对界面黏聚力 c 及摩擦系数 μ 的取值做了规定:

$$V_u = cf_{ctd} A_c + \mu N + \mu A_s f_{yd} \leqslant 0.5\nu f_{cd} A_c \qquad (1.29)$$

相关规范对竖向拼接缝受剪承载力计算方法做了规定,其中美国规范所提出的计算公式主要是按预裂试件考虑的。混凝土试件在制作过程中由于各种因素出现裂缝,在实际工程条件下与试验不同,不考虑混凝土本身的强度。主要利用直筋的摩擦销栓作用来抗剪,在此基础上考虑增大系数。

美国规范 ACI 318−11 对混凝土竖缝受剪承载力计算公式为

$$V = 1.4A_s f_y \qquad (1.30)$$

《装配式大板居住建筑设计和施工规程》(JGJ 1−91—1991)对混凝土竖缝受剪承载力计算公式为

$$V_j = 0.8\zeta(n_k A_k + n_j A_j) f_{jv} + 0.5\sum A_s f_y \qquad (1.31)$$

《风力发电机组预应力装配式混凝土塔筒技术规范》(T/CEC 5008—2018)对混凝土竖缝受剪承载力计算公式为

$$V = 0.10A_k f_c + 1.65A_{sd}\sqrt{f_y f_c} \qquad (1.32)$$

5. 疲劳性能验算

《混凝土结构设计规范(2015 年版)》(GB 50010—2010)假定混凝土结构疲劳验算截面应变保持平面,应力按弹性计算,验算条件为

$$\sigma^f_{cc,max} \leqslant f^f_c = \gamma_\rho f_c \qquad (1.33)$$

$$\sigma_{ct,max}^{f} \leqslant f_t^f = \gamma_\rho f_t \tag{1.34}$$

式中,γ_ρ 为混凝土的疲劳强度修正系数,均是按等幅疲劳 2×10^6 次试验研究得出的混凝土疲劳强度修正系数法的结果,对于塔筒混凝土受到的疲劳载荷为变幅疲劳,同时疲劳载荷次数也远远大于 2×10^6 次。

《风力发电机组预应力装配式混凝土塔筒技术规范》(T/CEC 5008—2018)对混凝土塔筒疲劳验算做出如下规定:

(1)载荷应取风机正常运行状态下的载荷标准值。

(2)塔筒疲劳验算中,应计算下列部位的混凝土应力和钢筋应力幅:

①正截面受拉区和受压区边缘纤维的混凝土应力;

②正截面受拉区纵向预应力钢筋和普通钢筋的应力幅。

(3)截面重心及截面几何尺寸剧烈改变处的混凝土主拉应力。

正截面塔筒混凝土疲劳应力和钢筋的应力幅应满足现行国家标准《混凝土结构设计规范(2015 年版)》(GB 50010—2010)的要求。

6. 抗震性能验算

我国是一个地震多发的国家,现在的《建筑抗震设计规范》(GB 50011—2010)已经逐步完善。随着风电装备的快速发展,在国内外有越来越多的风电塔筒修建在地震活动带。在地震时,地面的竖直方向震动使建筑物产生竖向地震作用。现有的震害调查表明,在高烈度地区,竖向地震作用对高层建筑、高耸结构(如烟囱等)及大跨度结构等的破坏较为严重。《建筑抗震设计规范》(GB 50011—2010)规定:设防烈度为 8 度和 9 度区的大跨度、长悬臂结构,以及设防烈度为 9 度区的高层建筑,除了计算水平地震作用之外,还应计算竖向地震作用。风力发电机塔筒作为一个细长同时质量、刚度沿高度分布不均匀的高耸结构,这些方面同抗震规范要求的高宽比和质量刚度均匀分布的要求相比,该类风电塔筒在抗震方面存在固有缺陷。对装配式风电塔筒类高耸结构,进行地震响应分析是极为必要的。

对于传统的建筑结构,《建筑抗震设计规范》(GB 50011—2010)规定在抗震设计时应遵循"三水准、两阶段"的方法,小震的重现期为 50 年,中震的重现期为 475 年,大震的重现期为 1 600～2 400 年。但根据 *Wind Energy Generation Systems－Part 1: Design Requirements*(IEC 61400－1—2018)中规定,地震的重现期为 475 年,即需要按我国的中震进行地震作用计算,这是与我国规范不同的地方。根据《混凝土结构设计规范(2015 年版)》(GB 50010—2010)规定,抗震验算须满足

$$\gamma_0 S \leqslant R/\gamma_{RE} \tag{1.35}$$

其中,γ_{RE} 为承载力抗震调整系数。

为了调整和提高结构的抗震安全度,《高耸结构设计标准》(GB 50135—2019)对各分区中Ⅰ、Ⅱ、Ⅲ类场地的特征周期较《建筑抗震设计规范》(GB 50011—2010)的值约增大了 0.5 s。同理,罕遇地震作用时,特征周期 T_g 值也适当延长。这样处理比较接近近年来得到的大量地震加速度资料的统计结果。

1.2.3 超高性能混凝土风电塔筒应用研究现状

超高性能混凝土(Ultra-High Performance Concrete,UHPC)是由法国 Bouygues 公司最先研制成功,UHPC 在拉压作用下表现出较高的强度、延性、韧性、变形等优异性能,且具有较强的耐久性能,同普通混凝土(NC)、纤维混凝土(FRC)、普通高强混凝土(HSC)等相比,UHPC 抗压强度可以达到 80~200 MPa、单轴抗拉强度可以达到 8~15 MPa、弹性模量为 40~50 GPa,材料的抗裂、抗渗、耗能能力、抗侵蚀能力均得到较大提高。UHPC 构件如图1.9所示。

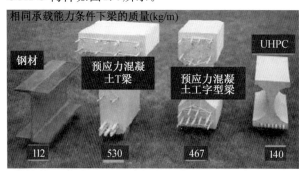

图 1.9　UHPC 构件

UHPC 能解决传统结构工程设计中的抗裂和耐久性难题,同时经过结构优化可以实现轻质、高强的设计目标。目前在国内外土木工程桥梁结构、建筑结构、水工结构等领域,具有长足的发展潜力。随着对超高性能混凝土的研究不断成熟和应用推广,发展超高轮毂设计高度的 UHPC 塔筒逐步成为可能,并有望解决超高轮毂设计高度风电塔筒中存在的诸多挑战。根据风电塔筒 UHPC 转接段的性能分析,可望在塔筒特殊节段中减少普通钢筋的配置,甚至实现无普通钢筋 UHPC 塔筒节段。为了研发新型风电 UHPC 塔筒和开展工程设计,必须了解 UHPC 的基本性能,理清其性能指标基本概念、设计取值规定,以及基本受力状态的验算方法。此外,数值分析已经成为新型塔筒结构研发和认证的必要依据,合理选用 UHPC 设计本构模型及其参数取值,对于提高结构分析精度具有重要的意义。

ABAQUS 有限元软件对超高性能混凝土－钢组合式塔筒进行静力分析并优化结果表明,不同厚度的塔筒在应用超高性能混凝土材料时可以在减小塔筒厚度的情况下满足塔筒的静强度要求,有利于减小混凝土材料的使用,从而减小工程造价。通过应力分析验证了 UHPC 塔筒的可行性。

超高性能纤维混凝土空心分段通信塔中圆形法兰螺栓连接(CFBC)在侧向动载荷作用下的性能分析结果表明,UHPC 圆形螺栓连接具有良好的抗侧性能,模型表明,在受拉节点中,提供足够的法兰厚度和 UHPC 材料强度,由于撬取效应,螺栓就不会受到弯矩的严重影响。

目前总体来看,基于 UHPC 的风电塔筒结构设计基础还不处于空白,有必要在国内外有关 UHPC 结构设计和风电塔筒设计方法两方面研究工作的基础上,针对风电塔筒结构国际 *Wind Energy Generation Systems-Part 1:Design Requirements*(IEC 61400－

1—2018)、*Wind Energy Generation Systems-Part 6：Tower and Foundation Design Requirements*（IEC 61400—6—2020）等系列标准要求，在 UHPC 材料力学性能分级基础上，明确材料计算本构模型及其计算参数取值，明确 UHPC 风电塔筒基本受力状态计算方法，为塔筒结构的承载性能验算提供科学依据。装配式塔筒在设计工况条件下的截面应力验算是结构细部设计验算的基本任务。塔架在载荷作用下，塔顶会产生过大的位移，引起整个机组震动和偏移，风电机组便不能正常运行，所以要对塔架进行静力学分析。通过有限元进行结构的静强度分析，验算截面应力，为结构材料确定、局部构造设计提出改进措施。对于装配式塔筒而言，塔筒水平接缝附近区域应力分布相对复杂。现有塔筒计算验算点大多是按照整体建模进行有限元计算分析进行的，所有的拼接缝采用接触设置，又影响结构初步分析效率。对于局部节段拼接缝界面采用界面节点绑定等设置，考察拼接缝附近区域主应力的影响是必要的。基于弹性理论，建立水平截面应力验算的实用验算方法，对于风电塔筒方案分析和应力验算复核具有重要意义。

此外，关于截面配筋优化方面的研究，近年来基于 ABAQUS 软件对素混凝土塔筒、钢筋混凝土塔筒、预应力混凝土塔筒进行有限元静强度模拟分析结果表明，载荷在顺风向作用下，预应力钢混塔筒的最大应力比其他情况增大了 40% 左右，而最大位移则比素混凝土塔筒减小了约 30%，塔筒开有门洞后，在门洞周边出现了应力集中，底部带门洞的塔筒的最大应力增加超过了 50%。

1.3　本书的主要内容

为了明确 UHPC 风电塔筒结构设计基础问题，本书在系统总结分析国内外大量有关 UHPC 材料与结构性能研究基础上，对 UHPC 力学性能进行分级，明确材料计算本构模型及其计算参数取值、基本受力状态验算方法。总结提出陆上风电 UHPC 塔筒结构设计的基本原则、承载能力极限状态计算方法、塔筒疲劳验算方法、正常使用极限状态验算方法，明确了 UHPC 构件基本构造规定。

在此基础上，阐述了 UHPC 预应力塔筒节段和特殊转接段性能及其影响因素分析，为 UHPC 节段和特殊转接段的优化提供了参考。以 H160 型（轮毂设计高度为 160 m）塔筒为典型案例，介绍了塔筒模态分析、稳定性分析、水平拼接缝截面应力验算、塔筒应力验算及其同 H140 塔筒的比较分析，介绍了塔筒截面改进设计的分析思考等内容，阐述了典型塔筒的抗震性能分析过程和疲劳性能分析过程。

全书阐述了新型塔筒研发和性能分析中涉及的基本理论、国内外规范要求以及有限元模型构建。同时，对风电塔筒的结构构造有关要求进行了明确。全书内容是基于作者多年在 UHPC 材料与结构、风电混塔结构技术等领域的研究工作积累，期待为我国新型 UHPC 风电塔筒研发、新型风电塔筒结构工程设计提供参考。

第2章 超高性能混凝土基本性能

本章主要介绍了超高性能混凝土(UHPC)材料强度分级,包括抗压强度等级、抗拉强度等级和疲劳强度等级,同时介绍了 UHPC 弹性模量、泊松比、受压应力应变和受拉应力应变力学性能的相关规定。研究提出了 UHPC 材料强度等级划分和其力学性能指标设计取值建议。

2.1 UHPC 抗压强度等级划分

2.1.1 UHPC 立方体抗压强度

UHPC 抗压强度等级的划分采用边长为 100 mm 的立方体试块作为超高性能混凝土立方体抗压强度的标准试件,强度等级的保证率与普通混凝土一致,取为 95%。超高性能混凝土的抗压强度等级,按照立方体抗压强度标准值 $f_{Ucu,k}$ 划分,每 10 MPa 为一个等级。超高性能混凝土立方体抗压强度标准值($f_{Ucu,k}$)按表 2.1 取值。

表 2.1 UHPC 立方体抗压强度标准值   N/mm²

强度等级	UHC120	UHC130	UHC140	UHC150	UHC160	UHC170	UHC180
$f_{Ucu,k}$	120	130	140	150	160	170	180

当立方体抗压强度标准值处于两个强度等级之间时,抗压强度等级取低于其立方体抗压强度标准值对应的等级,且按该强度等级对应的立方体抗压强度标准值进行其他抗压特征值的计算。

2.1.2 UHPC 轴心抗压强度

UHPC 轴心抗压强度标准值(f_{Uck})为按标准方法制作和养护的 100 mm×100 mm×300 mm 的棱柱体试块,按标准试验方法确定的具有 95% 保证率的抗压强度,按表 2.2 取值。

表 2.2 UHPC 轴心抗压强度标准值   N/mm²

强度等级	UHC120	UHC130	UHC140	UHC150	UHC160	UHC170	UHC180
f_{Uck}	93	101	108	116	124	132	139

UHPC 轴心抗压强度标准值 f_{Uck} 与立方体抗压强度标准值 $f_{Ucu,k}$ 按式 $f_{Uck} = 0.88\alpha_c f_{Ucu,k}$ 计算,其中系数 0.88 为考虑实际工程构件与立方体试件 UHPC 强度之间的

差异而取用的折减系数,考虑到目前超高性能混凝土在实际工程中的应用研究不足,建议该系数仍沿用《混凝土结构设计规范(2015 年版)》(GB 50010—2010)中混凝土轴心抗压强度的计算系数,取为 0.88;α_c 为 100 mm × 100 mm × 300 mm 棱柱体强度与边长 100 mm立方体强度之比值,根据 107 组不同纤维含量截面边长为100 mm的立方体与棱柱体试件换算系数试验实测平均值为 0.88,如图 2.1 所示。因此建议换算系数 α_c 取 0.88。

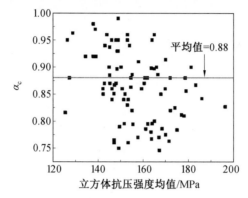

图 2.1　边长 100 mm 的立方体抗压强度与棱柱体轴心抗压强度换算系数

根 据 瑞 士 标 准 *MCS-EPFL*, *Recommendation UHPFRC*：*Ultra-High Performance Fibre Reinforced Cement-based Composites*(*UHPFRC*), *Construction Material*, *Dimensioning and Application*(SIA 2052—2016)中的 4.2.2,以及 4.3.7 的相关规定,UHPC 轴心抗压强度设计值考虑纤维取向和材料抗力分项系数后,按下式确定：

$$f_{Uc} = \frac{\eta_t \cdot \eta_{fU1} \cdot f_{Uck}}{\gamma_U} \tag{2.1}$$

式中　η_t——载荷持时计算系数,一般取 1.0,极端作用下如撞击或爆炸,若经试验验证,可采用大于 1.0 的值;

　　　η_{fU1}——用于考虑 UHPC 在受压时变形能力相对较低,取值 0.85;

　　　γ_U——材料抗力分项系数。

根据国内外研究机构总计 1 147 组立方体抗压强度范围在 120～190 MPa 之间的超高性能混凝土抗压强度实测值的统计结果,得到各强度等级超高性能混凝土的变异系数,UHPC 的变异系数均小于普通混凝土,因此实际结构中 UHPC 的强度离散程度要小于普通混凝土,参照《混凝土结构设计规范(2015 年版)》(GB 50010—2010)的取值,γ_U 偏安全的一般取为 1.4。在参照瑞士 UHPC 标准 SIA 2052—2016 计算公式的基础上,建议公式不考虑结构受压的响应系数。因此,建议 UHPC 轴心抗压强度设计值应按表 2.3 取值。

表 2.3　超高性能混凝土轴心抗压强度设计值　　　　　　N/mm²

强度等级	UHC120	UHC130	UHC140	UHC150	UHC160	UHC170	UHC180
f_{Uc}	56	61	66	71	75	80	85

2.2　UHPC 抗拉强度等级划分

　　UHPC 抗拉强度标准值 f_{Utk} 指按照《超高性能混凝土基本性能与试验方法》(T/CBMF 37—2018/T/CCPA 7—2018)附录 B 的单拉试件,按标准养护方法制作养护的,按标准试验方法确定的具有 95% 保证率的轴心抗拉强度。UHPC 轴心抗拉强度 f_{Utk} 分为 UHT4.2、UHT6.4、UHT10 三个等级,各强度等级的抗拉强度标准值 f_{Utk} 按表 2.4 取值。当抗拉强度标准值处于两个强度等级之间时,轴心抗拉强度等级取低于其抗拉强度标准值对应的等级,且按该强度等级对应的抗拉强度标准值进行其他受拉特征值的计算。此外,表中数据为截面高度 h_U 不大于 50 mm 时超高性能混凝土抗拉强度设计值;当 h_U 超过 50 mm 时,超高性能混凝土抗拉强度设计值应按如图 2.2 取用调整系数 η_{hU}。(h_U 为构件壁厚)

表 2.4　超高性能混凝土弹性极限抗拉强度标准值　　　　　　N/mm²

抗压强度等级	UHT4.2	UHT6.4	UHT10
f_{Utk}	4.20	6.40	10.0
f_{Ut}	2.98	4.60	7.16

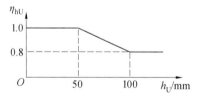

图 2.2　考虑构件厚度和生产工艺影响的 η_{hU} 数取值

　　该取值是在比较国内外多个 UHPC 设计规定后,参考瑞士 UHPC 标准 *MCS-EPFL*,*Recommendation UHPFRC:Ultra-High Performance Fibre Reinforced Cement-based Composites(UHPFRC)*,*Construction Material*,*Dimensioning and Application*(SIA 2052—2016),建议将 UHPC 抗拉强度设计值考虑纤维取向和材料抗力分项系数后,按下式确定:

$$f_{Ut} = \frac{\eta_t \cdot \eta_{hU} \cdot \eta_k \cdot f_{Utk}}{\gamma_U} \tag{2.2}$$

式中,系数 η_k 与纤维取向有关,同构件几何形状、生产工艺有关,取值规定:可能发生应力重分布时,如板或超静定系统,$\eta_k = 1.00$;不能发生应力重分布的局部区域,如锚固区,$\eta_k = 0.85$。系数 η_{hU} 考虑了构件厚度对纤维取向的影响,取值如图 2.2 所示。

2.3　其他参数取值

2.3.1　弹性模量取值规定

UHPC 的弹性模量,采用 100 mm×100 mm×300 mm 的棱柱体试样,按照《混凝土物理力学性能试验方法标准》(GBT 50081—2019)相关规定测试。为了考虑尺寸效应时,对薄壁 UHPC 构件的材料弹性模量规定了宜取实际测定值。根据国内外 267 组弹性模量试验数据统计分析,如图 2.3 所示,经回归得到弹性模量建议值。

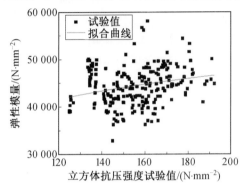

图 2.3　弹性模量回归结果

$$E_{Uc} = \frac{10^5}{1.7 + \dfrac{81.8}{f_{Ucu,m}}} \quad (N/mm^2) \tag{2.3}$$

根据 UHPC 抗压强度等级及其立方体抗压强度变异系数,得到各等级的立方体抗压强度平均值,如表 2.5 所示,代入式(1.3),可得各等级 UHPC 的弹性模量,如表 2.6 所示。

表 2.5　UHPC 抗压强度等级对应的立方体抗压强度平均值

抗压强度等级	UHC120	UHC130	UHC140	UHC150	UHC160	UHC170	UHC180
标准值/MPa	120	130	140	150	160	170	180
变异系数	0.083	0.077	0.069	0.066	0.062	0.062	0.062
平均值/MPa	139	149	158	168	178	189	200

表 2.6　UHPC 弹性模量　　　　　　　　　　　　　$\times 10^4$ N/mm²

抗压强度等级	UHC120	UHC130	UHC140	UHC150	UHC160	UHC170	UHC180
弹性模量	4.29	4.38	4.46	4.53	4.60	4.66	4.71

与各国规范的比较如图 2.4 所示。

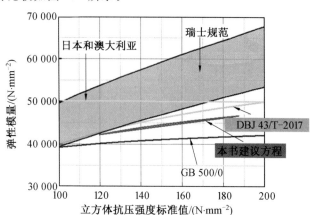

图 2.4　本书建议方程与国内外标准和文献数据比较

引入《混凝土结构设计规范(2015 年版)》(GB 50010—2010)中混凝土弹性模量与立方体抗压强度标准值之间的关系,给出了以 UHPC 抗压强度等级为参数的 UHPC 弹性模量公式,即

$$E_{Uc} = \frac{10^5}{1.7 + \dfrac{75.8}{f_{Ucu,k}}} \quad (N/mm^2) \tag{2.4}$$

UHPC 受压、受拉弹性模量可取相同值,当考虑尺寸效应时,在具有可靠试验依据时,UHPC 弹性模量可根据实测数据确定。剪切变形模量 G_{Uc} 取相应弹性模量值的 0.40 倍。

2.3.2　UHPC 泊松比取值

UHPC 的泊松比采用 100 mm × 100 mm × 300 mm 的棱柱体试样按照 GB/T 50081—2019 相关规定测试。对国内外研究机构 83 组试验数据(立方体抗压强度大于 120 MPa)进行对比分析,试验数据汇总如图 2.5 所示。

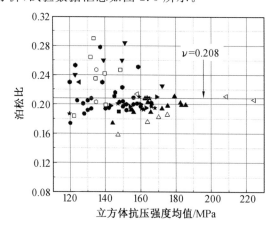

图 2.5　泊松比试验数据

　　试验数据分析表明,UHPC 在弹性范围内,泊松比基本保持不变。经计算平均值为 0.208,标准差为 0.025;大多在 0.18~0.23 之间,不受抗压强度的影响。因此,这里建议在弹性范围内,泊松比取值为 0.20。

2.4　UHPC 受压应力应变关系

UHPC 理想弹塑性受压本构及其特征参量如图 2.6 所示。

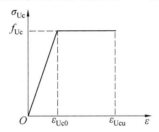

图 2.6　超高性能混凝土单轴受压应力与应变关系模型

$$\sigma_{Uc} = \begin{cases} E_{Uc} \cdot \varepsilon_{Uc} & (0 \leqslant \varepsilon_{Uc} \leqslant \varepsilon_{Uc0}) \\ f_{Uc} \cdot \varepsilon_{Uc} & (\varepsilon_{Uc0} \leqslant \varepsilon_{Uc} \leqslant \varepsilon_{Ucu}) \end{cases} \tag{2.5}$$

式中　σ_{Uc} ——压应变为 ε_{Uc} 时压应力;

　　　E_{Uc} ——超高性能混凝土弹性模量;

　　　f_{Uc} ——超高性能混凝土轴心抗压强度设计值;

　　　ε_{Uc0} ——UHPC 弹性极限压应变;

　　　ε_{Ucu} ——UHPC 最大压应变。

　　按各国 UHPC 标准和平行试验报告计算单轴应力应变本构关系特征值数据,对国内外 61 组试验数据的极限压应变的统计结果如图 2.7 所示。

　　各强度等级 UHPC 受压本构特征参量取值如表 2.7 所示。

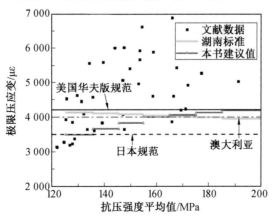

图 2.7　抗压强度平均值与极限压应变

表 2.7　UHPC 单轴受压特征值($\gamma_u = 1.4$)

强度级别	立方体抗压强度标准值/(N·mm^{-2})	棱柱体抗压强度标准值/(N·mm^{-2})	抗压强度设计值/(N·mm^{-2})	弹性模量/($\times 10^4$ N·mm^{-2})	峰值压应变 $\varepsilon_{Uc0}/\times 10^{-6}$	极限压应变 $\varepsilon_{Ucu}/\times 10^{-6}$
UHC120	120	93	56	4.29	1 306	3 500
UHC130	130	101	61	4.38	1 393	3 660
UHC140	140	108	66	4.46	1 479	3 830
UHC150	150	116	71	4.53	1 566	4 000
UHC160	160	124	75	4.60	1 630	4 060
UHC170	170	132	80	4.66	1 717	4 130
UHC180	180	139	85	4.71	1 803	4 200

2.5　UHPC 受拉应力应变关系

　　超高性能混凝土理想弹塑性单轴受拉应力应变关系及其特征参量如图 2.8 所示,表达式为

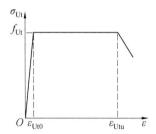

图 2.8　超高性能混凝土单轴受拉应力应变关系模型

$$\sigma_{Ut} = \begin{cases} E_{Uc} \cdot \varepsilon_{Ut} & (0 \leqslant \varepsilon_{Ut} \leqslant \varepsilon_{Ut0}) \\ f_{Ut} & (\varepsilon_{Ut0} \leqslant \varepsilon_{Ut} \leqslant \varepsilon_{Utu}) \end{cases} \tag{2.6}$$

式中　σ_{Ut} ——拉应变为 ε_{Ut} 时拉应力;

　　　　f_{Ut} ——单轴抗拉强度设计值;

　　　　ε_{Ut0} ——弹性极限拉应变,其值由抗拉强度设计值与弹性模量比值确定;

　　　　ε_{Utu} ——最大拉应变。

　　根据 UHPC 单轴受拉极限拉应变的统计分析,结果如图 2.9 所示。

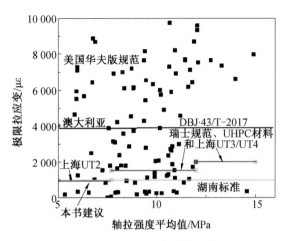

图 2.9　轴拉强度平均值与极限拉应变统计结果

各强度等级 UHPC 极限拉应变可按表 2.8 取值。

表 2.8　UHPC 轴拉极限拉应变建议取值　　$\mu\varepsilon$

UHT4.2	UHT6.4	UHT10
1 000	1 500	2 000

2.6　UHPC 疲劳强度等级

UHPC 受弯构件的正截面和斜截面疲劳验算方法应符合《混凝土结构设计规范(2015 年版)》(GB 50010—2010)的有关规定。

考虑到纤维增强超高性能混凝土的疲劳性能一般远优于普通混凝土疲劳性能,可偏保守地按普通混凝土的疲劳强度修正系数取值,即 UHPC 轴心抗压疲劳强度设计值 f_{Uc}^{f}、轴心抗拉疲劳强度设计值 f_{Ut}^{f} 应分别在其强度设计值基础上乘疲劳强度修正系数 γ_ρ 按下式确定:

$$f_{Uc}^{f} = \gamma_\rho f_{Uc} \tag{2.7}$$
$$f_{Ut}^{f} = 0.85\gamma_\rho f_{Ut} \tag{2.8}$$

式中　γ_ρ——UHPC 疲劳强度修正系数,可根据疲劳应力比值 ρ_c^f 分别按表 2.9 和表 2.10 取值。其中,疲劳应力比值 ρ_c^f 应按下列公式计算:

表 2.9　超高性能混凝土受压疲劳强度修正系数 γ_ρ

ρ_c^f	$0 \leqslant \rho_c^f < 0.1$	$0.1 \leqslant \rho_c^f < 0.2$	$0.2 \leqslant \rho_c^f < 0.3$
γ_ρ	0.56	0.65	0.74
ρ_c^f	$0.3 \leqslant \rho_c^f < 0.4$	$0.4 \leqslant \rho_c^f < 0.5$	$0.5 \leqslant \rho_c^f$
γ_ρ	0.82	0.91	1

$$\rho_c^f = \frac{\sigma_{c,\min}^f}{\sigma_{c,\max}^f} \tag{2.9}$$

式中　　$\sigma_{c,\min}^{f}$、$\sigma_{c,\max}^{f}$——构件疲劳验算时,截面同一纤维上超高性能混凝土的最小应力、最大应力。

表 2.10　超高性能混凝土受拉疲劳强度修正系数 γ_{ρ}

ρ_{c}^{f}	$0 \leqslant \rho_{c}^{f} < 0.1$	$0.1 \leqslant \rho_{c}^{f} < 0.2$	$0.2 \leqslant \rho_{c}^{f} < 0.3$
γ_{ρ}	0.7	0.73	0.77
ρ_{c}^{f}	$0.3 \leqslant \rho_{c}^{f} < 0.4$	$0.4 \leqslant \rho_{c}^{f} < 0.5$	$0.5 \leqslant \rho_{c}^{f} < 0.6$
γ_{ρ}	0.8	0.83	0.87
ρ_{c}^{f}	$0.6 \leqslant \rho_{c}^{f} < 0.7$	$0.7 \leqslant \rho_{c}^{f} < 0.8$	$0.8 \leqslant \rho_{c}^{f}$
γ_{ρ}	0.99	0.93	1

UHPC 疲劳变形模量一般应通过试验测定。当无足够试验数据时,可按表 2.11 取值。

表 2.11　超高性能混凝土的疲劳变形模量　　　　　　　　　　$\times 10^{4}$ MPa

弹性模量	强度等级						
	UHC120	UHC130	UHC140	UHC150	UHC160	UHC170	UHC180
E_{c}^{f}	2.15	2.19	2.23	2.27	2.3	2.33	2.36

正截面超高性能混凝土塔筒中的钢筋应力幅限值按《混凝土结构设计规范(2015 年版)》(GB 50010—2010)中的 4.2.6 规定执行。

第3章　陆上UHPC风电塔筒结构设计基础

3.1　结构设计基本原则

3.1.1　基本规定

1. 设计使用年限

陆上风电塔筒结构设计使用年限不应低于风力发电机组的设计寿命，一般风力发电机组的设计寿命为20年。

2. 载荷与作用类别

塔筒所受的载荷与作用分为永久载荷、可变载荷和偶然载荷。

永久载荷包括塔筒、基础、设备和附件自重、预应力、土压力，以及塔筒倾斜和基础不均匀沉降产生的附加弯矩。可变载荷包括风机和塔筒风载荷、温度作用、风力发电机组振动载荷、平台均布载荷，以及多遇地震作用。偶然载荷包括罕遇地震作用。此外，还应考虑《高耸结构设计标准》(GB 50135—2019)和《风力发电机组设计要求》(GB/T 18451.1—2012)中规定的各项载荷和作用。

3. 结构的极限状态

风电塔筒结构极限状态包括下列两类：

(1)承载能力极限状态对应于结构或结构构件达到最大承载能力或不适于继续承载的过度变形，包括承载力计算、疲劳分析、稳定性分析和临界挠曲分析。

(2)正常使用极限状态指塔筒结构或构件达到正常使用某项规定的限值或耐久性能的某种规定状态，包括以下三个载荷水平：

S1是在正常及运输工况下的载荷特征值水平(对应于所有设计载荷工况(DLC)的极值)；

S2是超越DLC1.1概率0.01%的频遇载荷水平；

S3是超越DLC1.1概率1%的频遇载荷水平。

4. 塔筒结构方案选型或设计应遵循的原则

风电预应力UHPC塔筒宜采用体内后张有黏结或体外后张预应力结构，并根据需要配置非预应力钢筋。风电塔筒结构方案应符合下列要求：

(1)风电塔筒应选用合理的结构体系、构件形式和布置。

(2)塔筒节段的平面、立面布置宜规则，各部分质量和刚度宜均匀、连续，构件尺寸不宜突变。

（3）结构传力途径应便捷、明确，竖向构件宜连续贯通、对齐。

（4）钢塔段和混塔段的比例宜在合理范围内。

（5）塔筒结构宜具备一定的可拓展性，以适应不同的风场条件和风机载荷，提高模具开发经济性。

（6）塔筒预制构件方案应充分考虑运输和吊装施工条件，节段尺寸不宜过大。

（7）宜采取减小偶然作用影响的措施。

塔筒结构构件连接应符合下列基本要求：

（1）保证塔筒施工及运行阶段筒体接缝的整体性和传力性能。

（2）应采取有效措施保证混塔段和钢塔段连接的可靠性。

（3）应考虑构件变形对连接节点及相邻结构或构件造成的影响。

5. 结构设计计算或验算的内容

风电塔筒结构设计计算或验算的内容一般包括：塔筒动力特性计算、塔筒稳定性验算、塔筒水平拼接截面承载能力极限状态计算、塔筒水平拼接截面受剪承载能力极限状态计算、塔筒竖向拼接截面受剪承载能力极限状态验算；疲劳验算；正常使用极限状态的应力和抗裂验算、正常使用极限状态塔筒顶端水平位移计算；抗震验算。

塔筒塔身正常使用极限状态设计控制条件应符合现行国际标准或国家现行标准的有关规定。塔身由于设置悬挑平台、牛腿、挑梁、支撑托架、天线杆、塔楼等而受到局部载荷作用时，载荷组合和设计控制条件等应根据实际情况按国家现行有关标准确定。

当采用无黏结预应力时，受拉预应力筋的应力应按有黏结预应力筋的有效预应力与无黏结预应力筋在载荷作用下的应力增量之和进行计算，并应符合国家现行标准有关规定。当塔筒高度超过 100 m 时，设计应考虑预应力钢绞线分批张拉，并进行施工过程验算。

3.1.2　载荷与作用、作用效应组合

1. 永久载荷

塔筒和基础自重的标准值可按塔筒和基础的设计尺寸与材料单位体积的自重计算确定，其中材料的单位自重应按现行国家标准的规定取值。

设备和附件的自重宜根据实际情况确定。预应力作用和土压力的计算应符合现行国家标准的规定。

此外，在自重效应的计算中，宜考虑每米 5 mm 的塔筒倾斜和每米 3 mm 的基础不均匀沉降产生的附加弯矩作用。

2. 风力发电机组和塔筒风载荷

风机风载荷种类按照现行国家标准《风力发电机组设计要求》（GB/T 18451.1—2012）中描述的载荷选取。风力发电机组风载荷包括叶轮和机舱受到的风载荷，分为正常运行载荷、极端载荷和疲劳载荷三类，且应采用载荷标准值表示。

风力发电机组风载荷应由风力发电机组外部风况条件确定。风况可分为风力发电机组正常运行期间频繁出现的正常风况和 1 年或 50 年一遇的极端风况。

正常风况和极端风况的不同模型风速和湍流标准偏差应按照现行国家标准《风力发电机组设计要求》(GB/T 18451.1—2012)的规定计算。

塔筒风载荷应包括机舱连接法兰以下的部分所受到的风载荷。

塔筒风载荷标准值应按下式计算：

$$w_k = \beta_z \mu_s \mu_z w_0 \tag{3.1}$$

式中　w_k——塔筒风载荷标准值，kN/m^2；

　　　　β_z——风振系数，应将塔筒、风机和叶轮作为整体计算；

　　　　μ_s——风载荷体形系数，应按《高耸结构设计标准》(GB 50135—2019)的规定取值；

　　　　μ_z——风压高度变化系数，应按《高耸结构设计标准》(GB 50135—2019)的规定取值；

　　　　w_0——基本风压值，应根据风机风载荷的设计载荷工况选取相应的基本风压值，但不宜小于 0.35 kN/m^2。

对于圆形塔筒，当塔筒坡度小于或等于 2% 时，应根据雷诺数的不同情况进行横风向风振验算。横风向风载荷应按现行国家标准《烟囱设计规范》(GB 50051)的规定计算。

3. 温度作用

塔筒温度效应计算应符合现行国家标准《钢筋混凝土筒仓设计标准》(GB 50077)的规定。塔筒温度作用的特征值计算应符合下列规定：

$$\Delta T_k \geqslant \max\{\Delta T_1 + \Delta T_2; \Delta T_3; (\Delta T_1 + \Delta T_2) + 0.75\Delta T_3; 0.35(\Delta T_1 + \Delta T_2) + \Delta T_3\} \tag{3.2}$$

式中　ΔT_1——相对恒定温度条件下，塔筒节段安装时沿圆周和壁厚的均匀温差，应按 $T_{极,max} - T_{安,min}$ 和 $T_{极,min} - T_{安,max}$ 中的最不利情况计算，其中，$T_{极,max}$ 和 $T_{极,min}$ 是指极端温度范围，$T_{安,max}$ 和 $T_{安,min}$ 是指塔筒安装时容许温度范围；

　　　　ΔT_2——由太阳辐射在塔筒的一侧引起的余弦形温差(温度沿壁厚恒定，沿圆周呈余弦形分布)，可按下式计算：

$$\Delta T_2(\varphi) = \Delta T_2 \cos\varphi \quad \Delta T_2 = \pm 15 \ (℃) \quad (-90° < \varphi < 90°) \tag{3.3}$$

　　　　ΔT_3——塔筒内外表面间温差(温度沿圆周恒定、沿壁厚线性变化)，可取 ±15 ℃。

4. 地震作用

塔筒抗震验算应符合下列规定：

(1)地震作用应采用风场所在地的基本烈度作为抗震设防烈度。

(2)应将塔筒、基础和风力发电机组作为整体进行计算。

(3)在计算地震作用时，超高性能混凝土塔筒的结构阻尼比可取为 0.05。

(4)抗震设防烈度为 6 度时，可不进行截面抗震验算。

(5)抗震设防烈度为 7 度时，可不计算竖向地震作用；8 度和 9 度时，还应计算竖向地震作用。

地震作用的计算应符合现行国家标准《建筑抗震设计规范(2015 年版)》(GB 50011—2010)的规定。抗震设防烈度为 7 度且为Ⅰ、Ⅱ类场地,且基本风压不小于 0.5 kN/m² 时,可不进行截面抗震验算,但应满足现行国家标准《建筑抗震设计规范(2016 版)》(GB 50011—2010)的抗震构造要求。

3.1.3　设计风载荷工况

根据国际标准 *Wind Energy Generation Systems － Parts 1：Design Requirements* (IEC 61400－1—2018)有关设计载荷的规定,风力发电机组的设计载荷工况(DLC)应包括极限工况(U)和疲劳工况(F)两种类型。其中,极限工况下应评估结构的承载力、稳定性和挠度;疲劳工况下应评估结构的疲劳强度。风机状态应分为正常(N)、非正常(A)及运输和吊装(T)三种状态。设计载荷工况(DLC)应按表 3.1 确定。

表 3.1　风机风载荷的设计载荷工况(DLC)

工况	DLC	风况	其他情况	工况类型	状态
1 发电	1.1	NTM $V_{in} < V_{hub} < V_{out}$	极端事件外推	U	N
	1.2	NTM $V_{in} < V_{hub} < V_{out}$	—	F	—
	1.3	ETM $V_{in} < V_{hub} < V_{out}$	—	U	N
	1.4	ECD $V_{hub} = \begin{cases} V_r - 2 \text{ m/s} \\ V_r \text{ m/s} \\ V_r + 2 \text{ m/s} \end{cases}$	—	U	N
	1.5	EWS $V_{in} < V_{hub} < V_{out}$	—	U	N
2 发电兼有故障	2.1	NTM $V_{in} < V_{hub} < V_{out}$	控制系统故障或电网掉电	U	N
	2.2	NTM $V_{in} < V_{hub} < V_{out}$	保护系统或先前发生的内部电气故障	U	A
	2.3	EOG $V_{hub} = V_r \pm 2 \text{ m/s}$ 和 V_{out}	外部或内部电气故障,包括电网掉电	U	A
	2.4	NTM $V_{in} < V_{hub} < V_{out}$	控制、保护或电气系统故障,包括电网掉电	F	—
3 启动	3.1	NWP $V_{in} < V_{hub} < V_{out}$	—	F	—
	3.2	EOG $V_{hub} = V_{in}$, $V_r \pm 2 \text{ m/s}$ 和 V_{out}	—	U	N
	3.3	EDC $V_{hub} = V_{in}$, $V_r \pm 2 \text{ m/s}$ 和 V_{out}	—	U	N
4 正常关机	4.1	NWP $V_{in} < V_{hub} < V_{out}$	—	F	—
	4.2	EOG $V_{hub} = V_r \pm 2 \text{ m/s}$ 和 V_{out}	—	U	N

续表 3.1

工况	DLC	风况	其他情况	工况类型	状态
5 紧急关机	5.1	NTM $V_{hub} = V_r \pm 2$ m/s 和 V_{out}	—	U	N
6 停机 （静止或空转）	6.1	EWM　50 年一遇	—	U	N
	6.2	EWM　50 年一遇	失去电网连接	U	A
	6.3	EWM　1 年一遇	极端偏航误差	U	N
	6.4	NTM $V_{hub} < 0.7V_{ref}$	—	F	—
7 停机兼有故障	7.1	EWM　1 年一遇	—	U	A
8 运输、组装、 维护和修理	8.1	NTM V_{maint} 由主机厂家设定	—	U	T
	8.2	EWM　1 年一遇	—	U	A

注：DLC 是指设计载荷状态；$V_r \pm 2$ m/s 是指应对这个范围内风速的敏感度进行分析；F 是指疲劳工况；U 是指极限工况；N 是指最大正常状态；A 是指非正常状态；T 是指运输和吊装状态。

风况分为极端风况和正常风况，其中极端风况包括：极端风速模型（EWM）、极端运行阵风模型（EOG）、极端湍流模型（ETM）、极端风向变化模型（EDC）、方向变化的极端相干阵风（ECD）、极端风切变模型（EWS）；正常风况包括：正常湍流模型（NTM）、正常风廓线模型（NWP）；不同模型的风速和湍流标准偏差应按照现行国家标准《风力发电机组设计要求》（GB/T 18451.1—2012）的规定计算。

3.1.4　载荷和地震作用效应组合

塔筒应按承载能力极限状态和正常使用极限状态分别进行载荷和地震作用效应组合，并应取各自最不利的效应组合进行设计验算。

1. 承载能力极限状态

承载能力极限状态下，塔筒应分别按正常运行、机组掉电、停机检修、地震作用四种设计状态，并应取最不利情况进行承载力设计。各设计状态包含的载荷效应组合应符合表 3.2 的规定。

表 3.2　载荷和地震作用效应组合

设计状态	组合内容
正常运行	结构自重、设备自重、附件自重、平台均布载荷、风机风载荷（发电、启动、正常关机）、塔筒风载荷、设备振动载荷
机组掉电	结构自重、设备自重、附件自重、平台均布载荷、风机风载荷（发电兼有故障、紧急关机）、塔筒风载荷、设备振动载荷

续表 3.2

设计状态	组合内容
停机检修	结构自重、设备自重、附件自重、平台检修载荷、风机风载荷(停机、停机兼有故障)、塔筒风载荷
地震作用	结构自重、设备自重、附件自重、平台均布载荷、风机风载荷(发电、停机)、塔筒风载荷、地震作用

(1)正常运行及设备或电网故障两种设计状态下,塔筒载荷组合的效应设计值应符合下列规定:

$$S \leqslant \max\left\{\sum_{i=1}^{n}\gamma_{fi}S_{ki}+0.6\gamma_{ft}\Delta T_{k}; 0.6\sum_{i=1}^{n}\gamma_{fi}S_{ki}+\gamma_{ft}\Delta T_{k}\right\} \tag{3.4}$$

式中　γ_{fi}——永久载荷、预应力载荷、正常运行状态下的可变载荷的分项系数,根据实际情况按后面表 3.4 取值;

ΔT_{k}——温度效应标准值;

γ_{ft}——温度效应的分项系数,取值为 1.35。

(2)停机检修设计状态下,塔筒载荷组合的效应设计值应按下式计算:

$$S_{d} = \gamma_{G}S_{Gk} + \gamma_{P}S_{Pk} + \gamma_{Q1}S_{Qk1} + \gamma_{W}S_{Wk} \tag{3.5}$$

式中　γ_{G}——永久载荷分项系数;

S_{Gk}——永久载荷标准值的效应;

γ_{P}——预应力载荷分项系数;

S_{Pk}——预应力载荷标准值的效应;

γ_{Q1}——停机检修时可变载荷分项系数,取 1.4;

S_{Qk1}——停机检修时可变载荷标准值的效应;

γ_{W}——风载荷分项系数;

S_{Wk}——风载荷标准值的效应,包括风机风载荷和塔筒风载荷。

(3)地震作用设计状态下,塔筒载荷组合的效应设计值应按下式计算:

$$S_{d} = \gamma_{G}S_{GE} + \gamma_{P}S_{Pk} + \gamma_{Eh}S_{Ehk} + \varphi_{wE}\gamma_{W}S_{Wk} \tag{3.6}$$

式中　S_{GE}——重力载荷代表值的效应;

γ_{Eh}——水平地震作用分项系数,取 1.3;

S_{Ehk}——水平地震作用标准值的效应;

φ_{wE}——抗震基本组合中风载荷组合值系数,取 0.2。

2. 正常使用极限状态

(1)正常运行及设备或电网故障两种设计状态下,塔筒载荷组合的效应设计值应按下式计算:

$$S = S_{Gk} + S_{Pk} + S_{Qk} + S_{Wk} \tag{3.7}$$

(2)停机检修设计状态下,塔筒载荷组合的效应设计值应按下式计算:

$$S = S_{Gk} + S_{Pk} + S_{Qk1} + S_{Wk} \tag{3.8}$$

3.1.5　塔筒动力特性计算要求

1. 模型简化

塔筒的主要简化是忽略高于一阶塔架弯曲模态的震动模态,并假设整个结构的加速度一样。忽略二阶模态是一个重要的非保守简化,但通过合并塔架和塔顶质量,以及采用保守的空气动力载荷可以进行补偿。具体的简化、保守计算方法可参考《风力发电机组设计要求》(GB/T 18451.1—2012)的相关规定。塔筒的力学模型可沿塔高每 5~10 m 设一个质点,每座塔的质点总数不宜少于 8 个,应符合下列规定:

(1)可将塔筒简化成多质点悬臂体系,且底端应考虑基础转动刚度的影响。

(2)塔筒可采用壳单元或杆单元模拟。当采用杆单元时,每段预制管片应分别简化为一个质点,每个质点的重力载荷代表值应取相邻上、下质点距离内结构自重的一半。应包括相应的平台固定设备重、平台活载荷标准值的 1/2。

计算塔筒结构自振特性和正常使用极限状态时,可将塔身视为弹性体系,其截面刚度可按下列规定取值:

(1)计算塔筒结构自振特性时,截面抗弯刚度取 $1.0E_cI$。

(2)计算正常使用极限状态时取 βE_cI,其中 β 为刚度折减系数,可按照《高耸结构设计标准》(GB 50135—2019)的 6.2.2 条相关规定进行取值。

考虑在一般运行情况下,混凝土的应力应变关系基本符合线弹性关系,故对自振特性计算时,截面抗弯刚度不做折减。虽然预应力体系保证塔筒水平截面在正常使用极限状态下满足抗裂验算要求,在计算正常使用极限状态下的应力和裂缝验算时,考虑到长期性能退化因素,对抗弯刚度进行折减,折减系数如表 3.3 所示。此外,相邻质点间的塔身截面刚度应取该区段的平均截面刚度,可不考虑开孔和局部加强措施(如洞口扶壁柱等)影响。

表 3.3　刚度折减系数 β

λ	0	0.1	0.2	0.3	0.4	0.5	0.6	$\geqslant 0.7$
β	0.65	0.66	0.68	0.72	0.76	0.80	0.84	0.85

表 3.3 中,λ 为预应力度,即有效预压应力和标准载荷组合下混凝土中的拉应力之比;E_c 为混凝土的弹性模量;I 为圆环截面的惯性矩。

2. 频率要求

塔筒的主要激励频率包括:

(1)叶轮转速的 1 倍,即 1P 频率(风轮旋转频率)。

(2)叶轮转速的 3 倍,即 3P 频率(叶片通过频率)。

塔筒及风电机组组成的结构体系的一阶自然频率与主要激励频率的相对偏差不应小于 10%,且应位于塔筒允许频率范围内,如图 3.1 所示。

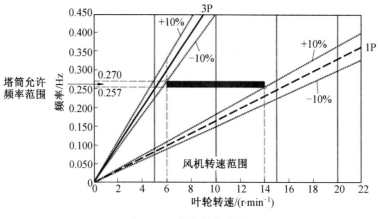

图 3.1　允许频率范围

3.1.6　极限状态设计要求

超高性能混凝土塔筒的承载力可按下列规定验算。

1. 持久设计状况、短暂设计状况

$$\gamma_0 \gamma_f S_k \leqslant \frac{1}{\gamma_M} R_k \qquad (3.9)$$

式中　γ_0——结构重要性系数,一类构件取值 0.9,二类构件取值 1.0,三类构件取值 1.2;

　　　γ_f——载荷分项系数,取值如表 3.4 所示。

表 3.4　载荷分项系数

不利外载荷		有利外载荷	预应力	
设计工况类型(见表 3.1)		所有设计工况	对结构有利	对结构不利
正常(N)	异常(A)			
1.35	1.1	0.9	0.9	1.1

(1)对于载荷工况 DLC1.1,不利载荷下正常工况的载荷分项系数取值应为 1.25。

(2)对于载荷工况 DLC2.1,载荷分项系数可根据机组发生事故的平均间隔时间(MTBF/年),按下列规定计算:

$$\gamma_f = \begin{cases} 1.35 & (\text{MTBF} \leqslant 10) \\ 1.71 - 0.155\ln(\text{MTBF}) & (10 < \text{MTBF} \leqslant 50) \\ 1.10 & \text{MTBF} > 50 \end{cases} \qquad (3.10)$$

(3)对于载荷工况 DLC2.5,载荷分项系数应取值 1.2。

(4)疲劳载荷的分项系数取值 1.0。

(5)重力基础的载荷分项系数,当重力载荷对结构有利时取值 0.9,当重力载荷对结构不利时取值 1.1。

γ_M 是材料性能的分项系数,其值按有关结构设计标准的规定采用。

2. 地震设计状况

$$S_d \leqslant R_d / \gamma_{RE} \tag{3.11}$$

式中　S_d ——载荷或作用组合的效应设计值;

　　　R_d ——构件承载力设计值;

　　　γ_{RE} ——构件承载力抗震调整系数,超高性能混凝土塔筒的承载力抗震调整系数
　　　　　　可按普通混凝土结构承载力抗震调整系数取值规定,按表 3.5 取值。

表 3.5　承载力抗震调整系数

正截面承载力计算				斜截面承载力计算	冲切承载力计算	局部受压承载力计算
受弯构件	偏心受压构件		偏心受拉构件	各类构件		
	轴压比小于 0.15	轴压比不小于 0.15				
0.75	0.75	0.80	0.85	0.85	0.85	1.00

3. 正常使用极限状态

正常使用极限状态,应根据不同的设计要求,分别采用载荷的短期效应组合(标准组合或频遇组合)和长期效应组合(准永久组合)进行设计。其中,塔筒应力、裂缝宽度按超越概率为 10^{-4} 的频遇载荷工况进行验算,塔筒的消压状态按超越概率为 10^{-2} 的准永久工况进行验算。超高性能混凝土塔筒的变形、裂缝、消压作用等作用效应应按下列公式验算:

$$\sum_{i=1}^{n} S_{ki} + \gamma_p S_{pe} \leqslant C \tag{3.12}$$

式中　S_{ki} ——载荷效应的标准值;

　　　S_{pe} ——有效预应力作用效应值;

　　　γ_p —— 正常使用极限状态下预应力作用调整系数,宜按下列规定取值:

(1)对于后张有黏结预应力,当预应力有利时取 0.9,不利时取 1.1。

(2)对于后张无黏结预应力和先张预应力,当预应力有利时取 0.95,不利时取 1.05。

(3)当采取措施减少预应力短期以及长期损失的不确定性时,γ_p 可取 1.0。

C ——正常使用极限状态下的结构效应限值,宜按下列规定取值:

(1)在 S1 水平下,超高性能混凝土中的最大压应力限值为 $0.6 f_{Uck}$。

(2)在重力载荷和预应力作用下,当超高性能混凝土的最大压应力不高于 $0.45 f_{Uck}$ 时,可仅考虑线性徐变,否则应考虑非线性徐变。

(3)在 S1 水平下,普通钢筋中的拉应力不应超过 $0.9 f_{yk}$;预应力筋($\gamma_p = 1.0$)的应力(短期损失后)不应超过 $0.75 f_{pk}$。

(4)裂缝限值应符合国家标准《混凝土结构设计规范(2015 年版)》(GB 50010—2010)

的规定,且下列情况下超高性能混凝土塔筒截面不应出现消压:S3 水平下的有黏结预应力塔筒;在 S2 水平下,处于氯离子侵蚀介质环境下的有黏结预应力塔筒。

(5)在 S3 水平下宜对其他类型的超高性能混凝土塔筒进行消压验算。

(6)在 S2 水平下塔筒混凝土的竖向拉应力不应超过抗拉强度标准值。

(7)在 S1 水平下,水平位移角限值应符合现行国家标准《高耸结构设计标准》(GB 50135—2019)的有关规定。

此外,塔筒结构顶点位移过大会带来倒塌和开裂的风险,因此应对水平位移角进行限制。在正常使用极限状态下塔筒轮毂高度处的水平位移限值、在温度作用效应下塔筒的最大裂缝宽度限值规定、预制管片吊点有关规定按《风力发电机组预应力装配式混凝土塔筒技术规范》(T/CEC 5008—2018)6.1.8 和 6.1.9 条规定执行。依据现行国家标准《高耸结构设计标准》(GB 50135—2019),塔筒轮毂高度处的水平位移角不应大于 1/100。同时,水平位移角过大,说明结构偏柔,会造成塔筒的一阶自然频率不满足设计要求。因此,本规范同时建议轮毂高度处的水平位移角不宜大于 1/200。在温度作用效应下,塔筒的最大裂缝宽度应不大于 0.2 mm。一般情况下,预制管片吊点的数量应不小于 4 个,吊点的设计应符合现行国家标准《混凝土结构设计规范(2015 年版)》(GB 50010—2010)的规定。

3.2 承载能力极限状态计算方法

本章主要介绍了超高性能混凝土承载能力极限状态计算方法,包括正截面受弯承载力、正截面轴心受压承载力、正截面偏心受压承载力、正截面轴心受拉承载力、正截面偏心受拉承载力、斜截面受剪承载力、截面受扭承载力、冲切承载力以及局部受压承载力的计算方法。通过国内外相关研究的数据统计、相关试验和承载力计算算例对 UHPC 材料承载能力极限状态计算方法的原理进行了解释和说明,并验证其可靠度指标。

3.2.1 基本假定

正截面承载力计算基本假定应符合以下要求:

(1)截面应变保持平面。UHPC 混凝土构件的正截面抗弯计算模型与普通混凝土的类似,均符合平截面假定。

(2)UHPC 受压应力与应变关系采用理想弹塑性表达式(2.5)。

(3)UHPC 受拉应力与应变关系采用理想弹塑性表达式(2.6)。

(4)普通混凝土应力与应变关系、纵向钢筋应力与应变关系和受拉钢筋的极限拉应变等,均按国家标准《混凝土结构设计规范(2015 年版)》(GB 50010—2010)中有关规定执行。

纤维增强 UHPC 相比于普通混凝土,具有更强的塑性变形的能力,所以当结构本身具有且允许有较大的变形能力的情况下,可采用塑性理论计算方法计算确定截面内力,瑞士标准 MCS-EPFL, *Recommendation UHPFRC：Ultra-High Performance Fibre Reinforced Cement-based Composites* (UHPFRC), *Construction Material, Dimensioning and Application* (SIA 2052—2016)4.1 条对此进行了规定。但是考虑到目前这方面的研究工作很有限,UHPC 结构内力按弹性理论来计算确定。

1. 正截面受弯计算一般规定

参考现行行业标准《钢纤维混凝土结构设计标准》(JGJT 465—2019)相关规定。UHPC 受拉构件、受弯构件和大偏心受压构件正截面承载力计算,除考虑超高性能混凝土 UHPC 受拉区抗拉作用之外,还应符合国家标准《混凝土结构设计规范(2015 年版)》(GB 50010—2010)的规定。

构件受拉区的 UHPC 应力图形可简化为矩形应力图形。受弯构件、大偏心受压构件和大偏心受拉构件受拉区等效矩形应力图高度应按式(3.13)计算,轴心受拉构件和小偏心受拉构件应按式(3.14)计算:

$$x_t = h - \frac{x}{\beta_1} \tag{3.13}$$

$$x_t = h \tag{3.14}$$

式中　x_t——受拉区等效矩形应力图形高度;

　　　　h——构件截面高度;

　　　　x——受压区 UHPC 等效矩形应力图高度;

　　　　β_1——受压区 UHPC 矩形应力图高度 x 与按平截面假定确定的中和轴高度的比值,取 0.8。

2. 受压区等效应力图形计算参数

非均匀受力时,UHPC 受压区应力图形可等效为矩形,矩形应力图形的应力值 σ_{Uc} 应按下式计算:

$$\sigma_{Uc} = \alpha_1 f_{Uc} \tag{3.15}$$

式中　f_{Uc}——UHPC 的轴心抗压强度设计值;

　　　　α_1——UHPC 受压区矩形应力图的应力值与 UHPC 轴心抗压强度设计值的比值,取 1.0。

受压区等效矩形应力图形系数:根据计算,受压区等效矩形应力图形系数分别是 $\beta_1 = 0.8$, $\alpha_1 = 1.0$。具体计算时统计其受压区的峰值应力、峰值应变以及极限应变,统计表格以及统计数据分析详见编制说明。

3. 受拉区等效应力图形计算参数

受拉区的 UHPC 混凝土应力图形可简化为等效矩形应力图形,如图 3.2 所示。

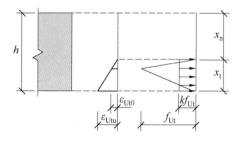

图 3.2　UHPC 受拉区等效应力计算简图

受拉区等效矩形应力图的应力设计值应按下式计算:

$$\sigma_{Ut} = k f_{Ut} \tag{3.16}$$

式中　k——UHPC 受拉区等效应力折减系数；

　　　f_{Ut}——UHPC 抗拉强度设计值。

受拉区等效矩形应力图的应力设计值取值与构件的几何形状及其生产工艺、构件厚度、载荷持时等因素有关。国内外对受拉区等效矩形应力的研究结果表明，UHPC 受拉区等效应力的折减系数 k 取值建议有很大不同，且都没有考虑生产工艺、构件厚度等因素的影响。但也有研究指出，折减系数 k 与纵向钢筋的配筋率有关。基于现有国内外有关研究成果的现状，提出 k 取值 0.40。

3.2.2　圆截面塔筒承载能力极限状态计算

超高性能混凝土塔筒水平截面极限受弯承载力计算因其计算截面位置和截面具体情况不同，包括塔筒节段间拼接缝截面、塔筒节段内截面两种截面类型。计算中，首先根据具体计算位置确定截面计算参数。然后，依据《高耸结构设计标准》（GB 50135—2019），塔筒环段按照环形截面偏心受压计算公式，根据截面尺寸和配筋数据，进行受弯承载力 $R(M)$ 计算。其中，塔筒设计应考虑二阶效应和附加弯矩的影响，附加弯矩 M_a 的计算可按《高耸结构设计标准》（GB 50135—2019）规定执行。

1. 体内预应力截面

由于塔筒整体是由预制的塔筒管片拼装而成，塔筒节段由体内预应力钢绞线进行连接，塔筒节段管片内普通钢筋在塔筒水平接缝处不连续。在节段间水平拼接截面受弯验算时不能考虑塔筒内普通钢筋的抗弯贡献。塔筒节段受弯承载力计算中可考虑钢筋和UHPC 抗拉贡献。圆截面体内预应力塔筒节段各位置截面极限受弯承载力可按下列统一公式计算：

（1）塔筒圆截面无孔洞时，如图 3.3 所示。

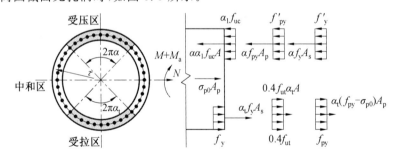

图 3.3　塔筒圆截面无孔洞时极限承载力计算简图

其正截面承载力按下式计算确定：

$$N \leqslant \alpha f_{uc} A - \sigma_{p0} A_p + \alpha f'_{py} A_p - \alpha_t (f_{py} - \sigma_{p0}) A_p$$
$$- 0.4 \eta \alpha_t f_{ut} A + \eta (\alpha - \alpha_t) f_y A_s \tag{3.17}$$

$$Ne_i \leqslant (f_{uc} A r + \eta r_s f'_y A_s + r_p f'_{py} A_p) \frac{\sin \pi\alpha}{\pi}$$
$$+ [(f_{py} - \sigma_{p0}) A_p r_p + 0.4 \eta r f_{ut} A + \eta r_s f_y A_s] \frac{\sin \pi\alpha_t}{\pi} \tag{3.18}$$

$$\alpha_t = 1 - 1.5\alpha \tag{3.19}$$

$$e_i = e_0 + e_a \tag{3.20}$$

（2）塔筒圆截面受压区有一个孔洞时，如图 3.4 所示。

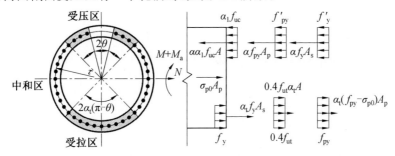

图 3.4　塔筒圆截面受压区有一个孔洞时极限承载力计算简图

其正截面承载力按下式计算确定：

$$N \leqslant \alpha f_{uc}A - \sigma_{p0}A_p + \alpha f'_{py}A_p - \alpha_t (f_{py} - \sigma_{p0}) A_p$$
$$- 0.4\eta\alpha_t f_{ut}A + \eta(\alpha - \alpha_t) f_y A_s \tag{3.21}$$

$$Ne_i \leqslant (f_{uc}Ar + \eta r_s f_y A_s + r_p f'_{py}A_p) \cdot \frac{\sin(\pi\alpha - \alpha\theta + \theta) - \sin\theta}{\pi - \theta}$$
$$+ \left[(f_{py} - \sigma_{p0}) A_p r_p + 0.4\eta r f_{ut}A + \eta r_s f_y A_s \right] \cdot \frac{\sin(\pi - \theta)\alpha_t}{\pi - \theta}$$
$$+ \sigma_{p0}A_p r_p \cdot \frac{\sin\theta}{\pi - \theta} \tag{3.22}$$

式中　A——塔筒截面面积，当有孔洞时，扣除孔洞面积；

A_p、A_s——全部纵向普通钢筋的截面面积以及全部纵向预应力和非预应力钢筋的截面面积，当截面有孔洞时，扣除孔洞断筋的面积；

r——塔筒平均半径，$r = \dfrac{r_1 + r_2}{2}$，r_1、r_2 分别为环形截面的内、外半径；

r_s——纵向普通钢筋重心所在的圆周半径；

r_p——纵向预应力筋重心所在的圆周半径；

e_0——轴向压力对截面重心的偏心距；

e_a——附加偏心距；

α——受压区超高性能混凝土截面面积与全截面面积的比值；

α_t——纵向受拉钢筋截面面积与全部纵向钢筋截面面积的比值，当 α 大于 2/3 时，取 α_t 为 0；

α_1——取 1.0；

θ——塔筒截面受压区的孔洞半角（rad）；

f_{py}、f'_{py}——预应力钢筋的抗拉、抗压强度（N/mm²）；

σ_{p0}——消压状态时预应力钢筋中的拉应力（N/mm²）；

η——计算截面位置参数，当计算截面为塔筒节段间拼接缝时，η 等于 0；当计算截面为 UHPC 节段内截面时，η 等于 1。

2. 体外预应力截面

塔筒节段由体外预应力钢绞线进行连接，塔筒节段管片内普通钢筋在塔筒水平接缝处同样不连续。在节段间水平拼接截面受弯验算时不能考虑塔筒内普通钢筋的抗弯贡献。塔筒节段受弯承载力计算中可考虑钢筋和 UHPC 抗拉贡献。圆截面体内预应力塔筒节段各位置截面极限受弯承载力可按下列统一公式计算。

（1）塔筒圆截面无孔洞时，如图 3.5 所示。

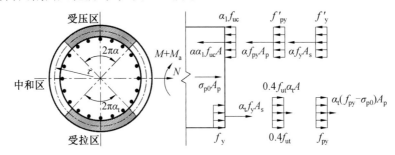

图 3.5　塔筒圆截面无孔洞时极限承载力计算简图

其正截面承载力按下式计算确定：

$$N \leqslant \alpha f_{uc} A - \sigma_{p0} A_p + \alpha \Delta \sigma'_{pu} A_p - \alpha_t \Delta \sigma_{pu} A_p$$
$$- 0.4 \eta \alpha_t f_{ut} A + \eta (\alpha - \alpha_t) f_y A_s \tag{3.23}$$

$$M \leqslant (f_{uc} A r + \eta r_s f'_y A_s + r_p \Delta \sigma'_{pu} A_p) \frac{\sin \pi \alpha}{\pi}$$

$$+ (\Delta \sigma_{pu} A_p r_p + 0.4 \eta r f_{ut} A + \eta r_s f_y A_s) \frac{\sin \pi \alpha_t}{\pi} \tag{3.24}$$

这里，$\Delta \sigma_{pu}$ 可参照德国标准关于矩形截面体外预应力混凝土结构统计结果，近似取 100 MPa；鉴于目前研究结果有限，$\Delta \sigma'_{pu}$ 可偏保守地取 0；σ_{p0} 可近似取有效预应力 σ_{pe}。

（2）塔筒圆截面受压区有一个孔洞时，如图 3.6 所示。

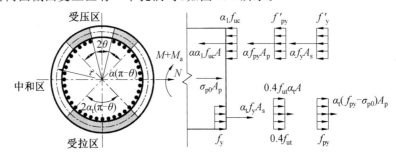

图 3.6　塔筒圆截面受压区有一个孔洞时极限承载力计算简图

其正截面承载力按下式计算确定：

$$N \leqslant \alpha f_{uc} A - \sigma_{p0} A_p + \alpha \Delta \sigma'_{pu} A_p - \alpha_t \Delta \sigma_{pu} A_p - 0.4 \eta \alpha_t f_{ut} A + \eta (\alpha - \alpha_t) f_y A_s \tag{3.25}$$

$$Ne_i \leqslant (f_{uc}Ar + \eta r_s f_y A_s + r_p \Delta\sigma'_{pu}A_p)\frac{\sin(\alpha\pi - \alpha\theta + \theta) - \sin\theta}{\pi - \theta}$$

$$+ [\Delta\sigma_{pu}A_p r_p + 0.4\eta rf_{ut}A + \eta r_s f_y A_s]\frac{\sin(\pi - \theta)\alpha_t}{\pi - \theta} + \sigma_{p0}A_p r_p\frac{\sin\theta}{\pi - \theta} \quad (3.26)$$

3.2.3　组合截面塔筒受弯承载力实用验算方法

在圆截面塔筒基础上,为了改善截面刚度,给出设置扶壁墙的组合截面塔筒受弯承载力计算方法。

(1)当塔筒截面无孔洞时,极限承载力计算如图 3.7 所示。

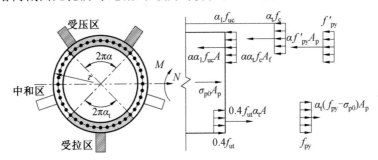

图 3.7　组合截面塔筒无孔洞时极限承载力计算示意图

其正截面承载力按下式计算确定:

$$N \leqslant \alpha\alpha_{u1}f_{uc}A_t + \alpha\alpha_1 f_c A_f - \sigma_{p0}A_p - 0.4f_{ut}\alpha_t A_t + \alpha f'_{py}A_p - \alpha_t(f_{py} - \sigma_{p0})A_p \quad (3.27)$$

$$Ne_i \leqslant \left[\alpha_1 f_{uc}A_t r + \alpha_1 f_c A_f(l/2 + r) + f'_{py}A_p r_p\right]\frac{\sin\pi\alpha}{\pi}$$

$$+ \left[(f_{py} - \sigma_{p0})A_p r_p + 0.4f_{ut}A_t r\right]\frac{\sin\pi\alpha_t}{\pi} \quad (3.28)$$

(2)当塔筒截面受压区有一个孔洞时,极限承载力计算如图 3.8 所示。

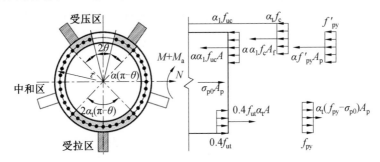

图 3.8　组合截面塔筒有一个孔洞时极限承载力计算示意图

其正截面承载力按下式计算确定:

$$N \leqslant \alpha\alpha_{u1}f_{uc}A_t + \alpha\alpha_1 f_c A_f - \sigma_{p0}A_p - 0.4f_{ut}\alpha_t A_t + \alpha f'_{py}A_p - \alpha_t(f_{py} - \sigma_{p0})A_p \quad (3.29)$$

$$M \leqslant \left[\alpha_{u1} f_{uc} A_t r + \alpha_1 f_c A_f \left(\frac{l}{2} + r \right) + f'_{py} A_p r_p \right] \frac{\sin(\alpha\pi - \alpha\theta + \theta) - \sin\theta}{\pi - \theta}$$

$$+ \left[(f_{py} - \sigma_{p0}) A_p r_p + 0.4 f_{ut} A_t r \right] \frac{\sin(\pi - \theta)\alpha_t}{\pi - \theta}$$

$$+ \sigma_{p0} A_p r_p \frac{\sin\theta}{\pi - \theta} \tag{3.30}$$

3.2.4　正截面轴向受压构件承载力计算方法

钢筋 UHPC 轴心受压构件,采用普通箍筋时,其正截面受压承载力应按下式计算:

$$N_{Ucu} = \varphi (f_{Uc} A + f'_y A'_s) \tag{3.31}$$

式中　φ——钢筋 UHPC 轴心受压构件稳定系数,按国家标准《混凝土结构设计规范(2015 年版)》(GB 50010—2010) 相关规定取值;

A——构件截面面积,当纵向普通钢筋的配筋率大于 3% 时,式(3.25)中的 A 应用 $(A - A'_s)$ 代替;

A'_s——全部纵向普通钢筋的截面面积。

钢筋 UHPC 轴心受压构件,采用约束箍筋时,其正截面承载力应经试验分析确定。目前,关于 UHPC 构件采用约束箍筋的正截面轴心受压承载力的研究较少。

3.2.5　塔筒水平拼接缝受剪承载力验算

圆塔筒水平拼接缝受剪承载力按下列两种状态分别验算:

(1)当拼接缝截面弯矩设计值较小时,按水平拼接缝闭合状态计算:

$$2V + \frac{T}{r} \leqslant 0.5\mu N \tag{3.32}$$

式中　V、T、N——分别是水平截面的剪力、扭矩和轴力设计值(含预应力产生的附加轴力);

μ——水平拼接缝的摩擦系数,无实测数据时可取为 0.5。

(2)当拼接缝截面弯矩设计值较大时,按水平拼接缝打开状态计算:

$$\frac{V_{Ed}}{\pi r_m} + \frac{T_{Ed}}{2\pi r_m^2} \leqslant \left[0.1\kappa (100\rho_L f_{uck})^{1/3} - 0.12\sigma_{Nd} \right] b \tag{3.33}$$

$$\kappa = 1 + \sqrt{\frac{200}{d}} \leqslant 2.0 \tag{3.34}$$

式中　d——截面有效高度,取 $D - \delta/2$(mm);

ρ_L——纵向钢筋的配筋率,$\rho_L = \dfrac{A_{sl}}{b_w d} \leqslant 0.02$,$A_{sl}$ 为抗拉钢筋截面积,b_w 为横截面受拉区的最小截面宽度(受拉区截面最小宽度),取塔筒厚度 δ;

σ_{Nd}——设计轴力作用下环形截面的正应力(MPa),$\sigma_{Nd} = \dfrac{N_{Nd}}{A_c}$。

3.2.6　塔筒竖向拼接缝受剪承载力验算

对于塔筒节段竖向拼接缝采用浆锚连接时,其竖向拼接缝受剪承载力按下式计算:

$$V_v = 0.10 f_{uc} A_k + 1.65 A_{sd} \sqrt{f_{uc} f_y} \tag{3.35}$$

式中　A_k ——各键槽的根部截面面积之和，取拼接缝左右两侧预制构件键槽根部截面
　　　　　　面积之和的较小值；

　　　A_{sd} ——垂直穿过结合面的所有钢筋的面积。

3.2.7　截面受扭承载力计算方法

UHPC 截面受扭承载力计算遵循了国家标准《混凝土结构设计规范(2015 年版)》
(GB 50010—2010)的计算模式，纤维增强增韧贡献体现在 UHPC 抗拉强度内。UHPC
矩形截面纯扭构件的受扭承载力应符合下列规定：

$$T \leqslant 0.35 \alpha_h f_{Ut} W_t + 1.2 \sqrt{\zeta} f_{yv} \frac{A_{st1} A_{cor}}{s} \tag{3.36}$$

$$\zeta = \frac{f_y A_{stl} s}{f_{yv} A_{st1} u_{cor}} \tag{3.37}$$

式中　α_h ——箱形截面壁厚影响系数，当 α_h 大于 1.0 时取值 1.0，非箱形截面 α_h 取值 1.0；

　　　W_t ——受扭构件的截面受扭塑性抵抗矩；

　　　ζ ——受扭的纵向普通钢筋与箍筋的配筋强度比值($\zeta \geqslant 0.6$)，当 $\zeta > 1.7$ 时取值
　　　　　 1.7；

　　　f_{yv} ——受扭箍筋的抗拉强度设计值；

　　　A_{st1} ——受扭计算中沿截面周边配置的箍筋单肢截面面积；

　　　A_{cor} ——UHPC 截面核心区域面积，应按 $A_{cor} = b_{cor} h_{cor}$ 计算；

　　　b_{cor}、h_{cor} ——箍筋内表面范围内截面核心部分的短边、长边尺寸；

　　　A_{stl} ——受扭计算中取对称布置的全部纵向普通钢筋截面面积；

　　　u_{cor} ——截面核心区域的周长，取值为 $2(b_{cor} + h_{cor})$。

在弯矩、剪力和扭矩共同作用下，$h_w/b \leqslant 6$ 的矩形、T 形、I 形截面和 $h_w/t_w \leqslant 6$ 的箱形
截面构件应符合下列要求。

h_w/b(或 h_w/t_w) $\leqslant 4$ 时：

$$\frac{V}{bh_0} + \frac{T}{0.6W_t} \leqslant 0.25 \beta_c f_{Uc} \tag{3.38}$$

h_w/b(或 h_w/t_w) $= 6$ 时：

$$\frac{V}{bh_0} + \frac{T}{0.6W_t} \leqslant 0.2 \beta_c f_{Uc} \tag{3.39}$$

式中　V ——载荷作用在构件上产生的剪力设计值；

　　　T ——载荷作用于构件上产生的扭矩设计值；

　　　h_w ——截面的腹板高度，矩形截面为有效高度 h_0，T 形截面不计入翼缘高度，I 形
　　　　　 和箱形截面应取腹板的净高。

当 h_w/b(或 h_w/t_w) 介于 4 ~ 6 之间时，按线性插值法确定验算系数。

基于国家标准《混凝土结构设计规范(2015 年版)》(GB 50010—2010)扭曲截面承载
力计算方法，通过对已有 UHPC 构件扭曲试验结果的统计分析，获得 UHPC 构件截面承
载力计算表达式。分析表明，国家标准《混凝土结构设计规范(2015 年版)》(GB 50010—

2010)公式可以保证结构构件抗扭安全性。同时,考虑 UHPC 材料掺入纤维的影响,其安全性水平略有提高。因此,轴向压力与扭矩、剪力和扭矩、轴向拉力和扭矩、轴向压力弯矩剪力和扭矩、轴向拉力弯矩剪力和扭矩共同作用时,配筋 UHPC 构件受扭承载力应按国家标准《混凝土结构设计规范(2015 年版)》(GB 50010—2010)相关规定计算。

矩形、T 形、I 形和箱形截面弯剪扭构件纵向钢筋与箍筋配筋应符合国家标准《混凝土结构设计规范(2015 年版)》(GB 50010—2010)相关规定。此规定是在对配筋 UHPC 梁开裂扭矩的已有试验结果分析基础上,得出配筋 UHPC 梁开裂扭矩与钢筋混凝土开裂扭矩不同的结论。因此对截面限制条件左侧第二项进行修正。

3.2.8 局部受压承载力计算方法

(1)当 UHPC 结构构件上局部(设有)受压承载时,其受压部分的界面尺寸应满足

$$F_1 \leqslant \min\{\zeta f_{Uc} A_1, 1.35\beta_{l,RS} f_{Uc} A_{ln}\} \tag{3.40}$$

式中 ζ——局部受压构件截面系数,取值 $\dfrac{1.38 f_{Uc,k}^{2/3}}{1 + 0.1 f_{Uc,k}}$,$f_{Uc,k}$ 为 UHPC 抗压强度标准值;

f_{Uc}——UHPC 抗压强度设计值;

A_1——局部受压面积;

$\beta_{l,RS}$——UHPC 局部受压强度影响系数,$\beta_{l,RS} = 0.7\sqrt{A_b/A_1}$;

A_{ln}——UHPC 局部受压净面积,后张法构件应在局部受压面积中扣除孔道、凹槽部分面积;

A_b——UHPC 局部受压计算底面积,按局部受压面积与计算底面积同心、对称原则(图 3.7)取值。

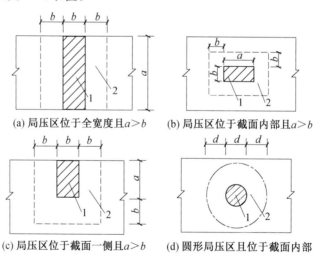

(a) 局压区位于全宽度且 $a > b$ (b) 局压区位于截面内部且 $a > b$

(c) 局压区位于截面一侧且 $a > b$ (d) 圆形局压区且位于截面内部

图 3.9 UHPC 局部受压底面积计算范围

1—局部受压接触面积;2—钢纤维最小配置范围

风电混塔结构载荷设计值应乘风电结构重要性系数 γ_0 进行修正。以上规定采用了法国规范 *National Addition to Eurocode 2 — Design of Concrete Structures:Specific Rules for Ultra-high Performance Fibre-reinforced Concrete*(UPHFRC)(NF P 18—

710—2016)的相关条款规定。当局部受压面积较小时,国家标准《混凝土结构设计规范(2015 年版)》(GB 50010—2010)较为保守。当局部受压面积较大时,较我国国家标准《混凝土结构设计规范(2015 年版)》(GB 50010—2010),法国规范 *National Addition to Eurocode 2 — Design of Concrete Structures:Specific Rules for Ultra-high Performance Fibre-reinforced Concrete*(*UPHFRC*)(NF P 18−710—2016)计算结果相对保守,且法规通过系数考虑了长期情况及偶然作用等各种情况。因此,以上采用了法国规范 NF P 18−710—2016 与《混凝土结构设计规范(2015 年版)》(GB 50010—2010)两者相关条款规定的结合。

(2)配置间接钢筋的局部受压承载力满足下列规定:

$$F_l \leqslant 0.9(\beta_{l,RS} f_{Uc} + \rho_v \beta_{L,c} f_{yv}) A_{ln} \tag{3.41}$$

式中　ρ_v——间接钢筋的体积配箍率,其计算见国家标准《混凝土结构设计规范(2015 年版)》(GB 50010—2010)中 6.6.3 条;

　　　$\beta_{L,c}$——配置间接钢筋的局部受压承载力提高系数,可按 $2.98\beta_{cor} + 0.26\beta_l - 1.2$ 计算,其中 $\beta_{cor} = \sqrt{A_b/A_l}$,当 A_{cor} 不大于 UHPC 局部受压面积 A_l 的 1.25 倍时,β_{cor} 取为 1,其中 $\beta_l = \sqrt{A_b/A_l}$;

　　　f_{yv}——间接钢筋屈服强度。

3.3　塔筒疲劳验算方法

3.3.1　疲劳应力验算

塔筒正截面疲劳应力验算时,可采用下列基本假定:截面应变保持平面;受压区超高性能混凝土的法向应力图形为三角形;要求不允许出现裂缝的预应力超高性能混凝土塔筒,受拉区超高性能混凝土的法向应力图形为三角形;采用换算截面计算。

在疲劳验算中,当采用允许应力法时,载荷应取风机正常运行状态下载荷标准值(DLC1.2);当采用损伤方法时,可按主机厂家提供的 Markov 矩阵进行疲劳累计损伤计算。塔筒疲劳验算中,应计算下列部位的 UHPC 应力和钢筋应力幅,并使其满足下列条件:

(1)正截面受压区和受拉区边缘纤维的超高性能混凝土应力:

$$\sigma_{uc,max}^f \leqslant f_{Uc}^f \tag{3.42}$$

$$\sigma_{ut,max}^f \leqslant f_{Ut}^f \tag{3.43}$$

(2)正截面受拉区纵向预应力钢筋和普通钢筋的应力幅:

$$\Delta\sigma_p^f \leqslant \Delta f_{py}^f \tag{3.44}$$

$$\Delta\sigma_{si}^f \leqslant \Delta f_y^f \tag{3.45}$$

(3)预应力超高性能混凝土塔筒斜截面超高性能混凝土的主拉应力应符合下列规定:

$$\sigma_{tp}^f \leqslant f_{Ut}^f \tag{3.46}$$

式中　σ_{tp}^f——预应力超高性能混凝土受弯构件斜截面疲劳验算纤维处的超高性能混凝

土主拉应力；

f_{Ut}^f ——超高性能混凝土轴心抗拉疲劳强度设计值。

（4）在扭矩和剪力作用下，竖向拼接截面水平插筋的疲劳应力应满足

$$\Delta \sigma^f < \Delta f_y^f \tag{3.47}$$

（5）在弯矩和轴力等载荷作用下，塔顶钢质转接段焊缝疲劳应力应满足

$$\Delta \sigma < \gamma_t [\Delta \sigma] \tag{3.48}$$

式中 $[\Delta \sigma]$——钢材疲劳极限，对于常幅疲劳强度极限，则

$$\Delta \sigma_D = 0.737 \Delta \sigma_C \tag{3.49}$$

这里，$\Delta \sigma_C$ 为疲劳应力幅参考值，宜根据焊缝类别确定；对于变幅疲劳强度极限应根据钢材扩展 $S-N$ 曲线，$\Delta \sigma_L = 0.549 \Delta \sigma_D$。

（6）截面重心及截面几何尺寸剧烈改变处的超高性能混凝土主拉应力，受压区纵向钢筋可不进行疲劳验算。

3.3.2 疲劳损伤验算

塔筒各个位置水平截面的超高性能混凝土、预应力钢筋和普通钢筋的累积疲劳损伤均应满足

$$D = \sum_{i=1}^{j} \frac{n_{Ei}}{N_{Ri}} < 1 \tag{3.50}$$

式中 D——累积疲劳损伤；

n_{Ei}——特定应力水平下的实际循环次数；

N_{Ri}——特定应力水平下的疲劳寿命，分别根据超高性能混凝土、预应力钢筋和钢筋材料的 $S-N$ 曲线得到。

3.3.3 应力和应力幅计算

要求不出现裂缝的预应力超高性能混凝土塔筒，其正截面的超高性能混凝土、纵向预应力筋和普通钢筋的最小、最大应力和应力幅可按下列公式计算：

1. 受拉区或受压区边缘纤维的 UHPC 应力

$$\sigma_{c,min}^f \text{ 或 } \sigma_{c,max}^f = \sigma_{pc} + \frac{M_{min}^f}{I_0} y_0 \tag{3.51}$$

$$\sigma_{c,max}^f \text{ 或 } \sigma_{c,min}^f = \sigma_{pc} + \frac{M_{max}^f}{I_0} y_0 \tag{3.52}$$

2. 受拉区纵向预应力筋的应力及应力幅

$$\Delta \sigma_p^f = \sigma_{p,max}^f - \sigma_{p,min}^f \tag{3.53}$$

$$\sigma_{p,min}^f = \sigma_{pe} + \alpha_{pE} \frac{M_{min}^f}{I_0} y_{0p} \tag{3.54}$$

$$\sigma_{p,max}^f = \sigma_{pe} + \alpha_{pE} \frac{M_{max}^f}{I_0} y_{0p} \tag{3.55}$$

3. 受拉区纵向普通钢筋的应力及应力幅

$$\Delta \sigma_s^f = \sigma_{s,max}^f - \sigma_{s,min}^f \tag{3.56}$$

$$\sigma_{s,\min}^{f} = \sigma_{s0} + \alpha_{E} \frac{M_{\min}^{f}}{I_0} y_{0s} \tag{3.57}$$

$$\sigma_{s,\max}^{f} = \sigma_{s0} + \alpha_{E} \frac{M_{\max}^{f}}{I_0} y_{0s} \tag{3.58}$$

式中　$\sigma_{c,\min}^{f}$、$\sigma_{c,\max}^{f}$——疲劳验算时受拉区或受压区边缘纤维 UHPC 的最小、最大应力，最小、最大应力以其绝对值进行判别；

σ_{pc}——扣除全部预应力损失后，由预加力在受拉区或受压区边缘纤维处产生的 UHPC 法向应力；

$M_{\min}^{f}$、$M_{\max}^{f}$——疲劳验算时同一截面上在相应载荷组合下产生的最小、最大弯矩值；

I_0——换算截面的惯性矩；

y_0——受拉区边缘或受压区边缘至换算截面重心的距离；

α_{pE}——预应力钢筋弹性模量与 UHPC 弹性模量的比值，$\alpha_{pE} = E_s / E_c$；

$\sigma_{p,\min}^{f}$、$\sigma_{p,\max}^{f}$——疲劳验算时受拉区最外层预应力筋的最小、最大应力；

$\Delta\sigma_{p}^{f}$——疲劳验算时受拉区最外层预应力筋的应力幅；

σ_{pe}——扣除全部预应力损失后，受拉区最外层预应力筋的有效预应力；

y_{0s}、y_{0p}——受拉区最外层普通钢筋、预应力筋截面重心至换算截面重心的距离；

$\sigma_{s,\min}^{f}$、$\sigma_{s,\max}^{f}$——疲劳验算时，受拉区最外层普通钢筋的最小、最大应力；

$\Delta\sigma_{s}^{f}$——疲劳验算时受拉区最外层普通钢筋的应力幅；

σ_{s0}——消压弯矩 M_{p0} 作用下受拉区最外层普通钢筋中产生的应力，此处 M_{p0} 为受拉区最外层普通钢筋重心处的混凝土法向预应力等于零时的相应弯矩值。

3.4　正常使用极限状态验算方法

本章主要介绍了超高性能混凝土正常使用极限状态验算方法，包括裂缝控制验算、预应力 UHPC 受弯构件主应力验算以及预应力 UHPC 受弯构件主应力验算。通过国内外相关研究的数据统计和计算算例的对比验证，对 UHPC 构件正常使用极限状态验算规定的依据进行了解释和说明。

3.4.1　裂缝控制验算方法

与普通混凝土或普通钢纤维混凝土相比，超高性能混凝土的抗压强度较高，致使钢筋、钢纤维与超高性能混凝土基体的黏结强度大大提高，配筋超高性能混凝土构件即使在钢纤维含量较低的条件下往往也能呈现多裂缝开展的良好性能。因而，直接将普通混凝土或普通钢纤维混凝土的裂缝宽度计算公式用于钢筋超高性能混凝土结构会过于保守。

目前，世界各国规范及学者对钢筋超高性能混凝土构件的裂缝宽度计算方法的研究成果有限，鉴于其本质特征仍是裂缝宽度由主裂缝间距内钢筋与混凝土的应变差值决定。因此超高性能混凝土结构构件裂缝宽度的计算模式仍按普通混凝土或普通钢纤维混凝土的裂缝宽度计算方法执行,但需考虑超高性能混凝土材料的抗拉强度代表值进行修正。

根据国家现行标准《钢纤维混凝土结构设计标准》(JGJT 465—2019)的规定,考察混凝土材料特征值采用 UHPC 材料特征值替代后,钢纤维对钢筋 UHPC 构件裂缝宽度的影响系数。

对受弯配筋 UHPC 板以及轴向受拉构件的正常使用极限状态按验算公式进行裂缝宽度计算,并与文献试验值进行对比。通过构件的裂缝宽度试验值反算钢纤维对钢筋 UHPC 构件裂缝宽度的影响系数,最后将国外规范与我国相关规范进行对比。计算结果如图 3.10 所示。

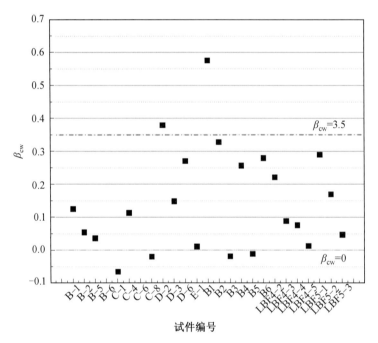

图 3.10　钢纤维对钢筋 UHPC 构件裂缝宽度的影响系数 β_{cw}

为了保证安全性,取钢纤维对钢筋 UHPC 构件裂缝宽度的影响系数 $\beta_{cw}=0$。即按照国家标准《混凝土结构设计规范(2015 年版)》(GB 50010—2010)裂缝宽度计算规定进行计算。受弯、受拉构件裂缝宽度与各国规范对比(材料标准值)如图 3.11 和图 3.12 所示。

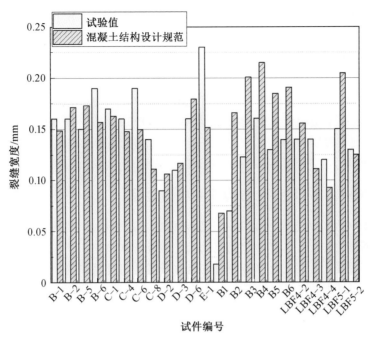

图 3.11　UHPC 受弯构件最大裂缝宽度计算结果比较

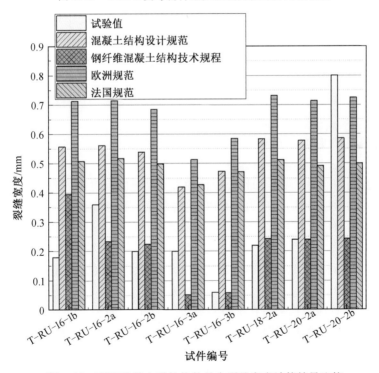

图 3.12　UHPC 轴心受拉构件最大裂缝宽度计算结果比较

结果表明,钢筋 UHPC 和预应力 UHPC 构件的受拉边缘应力或正截面裂缝宽度验算,符合国家标准《混凝土结构设计规范(2015 年版)》(GB 50010—2010)规定即可满足适用性水平,其中混凝土轴心抗拉强度标准值 f_{tk} 应以 UHPC 轴心抗拉强度标准值 $f_{Ut,k}$ 代替。在载荷准永久组合或标准组合下,钢筋 UHPC 构件、预应力 UHPC 构件截面应力计算规定应符合国家标准《混凝土结构设计规范(2015 年版)》(GB 50010—2010)的相关规定。

预应力 UHPC 受弯构件应分别对截面上的 UHPC 主拉应力和主压应力进行验算,应按国家标准《混凝土结构设计规范(2015 年版)》(GB 50010—2010)的有关规定执行,其中,混凝土轴心抗拉强度标准值 f_{tk} 应以 UHPC 轴心抗拉强度标准值 $f_{Ut,k}$ 代替,混凝土轴心抗压强度标准值 f_{ck} 应以 UHPC 轴心抗压强度标准值 $f_{Uc,k}$ 代替。

3.4.2　预应力 UHPC 受弯构件主应力验算

目前国内有关预应力超高性能混凝土受弯构件主应力验算系数相关研究有限,建议沿用现行国家标准《混凝土结构设计规范(2015 年版)》(GB 50010—2010)的主应力验算系数,这对于超高性能混凝土受弯构件的主应力验算是相对保守的。

在进行具体 UHPC 构件的受弯主应力验算时,验算系数的调整要根据具体试验和严格理论论证,满足正常使用极限状态的安全性要求。

预应力 UHPC 受弯构件应分别对截面上的 UHPC 主拉应力和主压应力进行验算,验算方法及验算系数应符合国家标准《混凝土结构设计规范(2015 年版)》(GB 50010—2010)相关规定。其中,混凝土轴心抗拉强度标准值 f_{tk} 以及混凝土轴心抗压强度标准值 f_{ck} 应以 UHPC 轴心抗拉强度标准值 $f_{Ut,k}$ 以及 UHPC 轴心抗压强度标准值 $f_{Uc,k}$ 代替。

钢筋 UHPC 和预应力 UHPC 构件,应按下列规定进行受拉边缘应力或正截面抗裂验算。

一级裂缝控制等级构件,在载荷标准组合下,受拉边缘应力应符合下列规定:

$$\sigma_{Ut,k} - 0.85\sigma_{pc} \leqslant 0 \tag{3.59}$$

二级裂缝控制等级构件,在载荷标准组合下,受拉边缘应力应符合下列规定:

$$\sigma_{Ut,k} - \sigma_{pc} \leqslant 0.7 f_{Ut,k} \tag{3.60}$$

三级裂缝控制等级时,钢筋 UHPC 构件的最大裂缝宽度可按载荷标准永久组合并考虑长期作用影响的效应计算,预应力 UHPC 构件的最大裂缝宽度可按载荷标准组合并考虑长期作用影响的效应计算:

$$w_{U,max} \leqslant w_{lim} \tag{3.61}$$

式中　　$\sigma_{Ut,k}$——载荷标准组合(短期效应组合)下抗裂验算边缘的超高性能混凝土法向应力;

σ_{pc}——扣除预应力损失后在抗裂验算边缘 UHPC 的预压应力;

w_{lim}——最大裂缝宽度限值,可根据国家标准《混凝土结构设计规范(2015 年版)》(GB 50010—2010)相关规定进行取值。

后张法构件在计算预施应力阶段由构件自重产生的拉应力时,W_0 可改为 W_n,W_n 为构件净截面抗裂验算边缘的弹性抵抗矩。预应力超高性能混凝土的边缘应力验算系数的调整要根据具体试验和严格理论论证,满足正常使用极限状态的安全性要求。在无具体试验的情况下可参照《活性粉末混凝土结构技术规程》(DBJ43/T 325—2017)的相关要求进行选取。

3.4.3　UHPC 受弯构件变形验算

UHPC 受弯构件变形验算方法遵循了普通钢筋混凝土结构变形验算方法和模式,引入了纤维特征值影响项。由于超高性能混凝土具有超高抗压强度、超高弹性模量、高抗折强度及优异的耐久性等特点,因此其性能远优于普通混凝土。钢纤维的加入不仅使超高性能混凝土抗拉强度明显提高,而且有效地约束了裂缝的生成和发展,使受拉区混凝土的塑性发展更充分。首先,参照国家现行标准《钢纤维混凝土结构设计标准》(JGJT 465—2019)的规定,考察混凝土材料特征值采用 UHPC 材料特征值替代后,UHPC 受弯构件的短期刚度的差异。

如图 3.13 所示,结果对比分析表明,基于国家标准《混凝土结构设计规范(2015 年版)》(GB 50010—2010)计算模式,并采用 UHPC 材料特征值替换后的计算结果,相对保守。因此,对于矩形、T 形、倒 T 形和 I 形截面受弯构件,考虑载荷长期作用影响的刚度 B 应按国家标准《混凝土结构设计规范(2015 年版)》(GB 50010—2010)的相关规定计算,其中,短期刚度 B_s 的计算表达式中的混凝土弹性模量 E_c 应以 UHPC 弹性模量 E_{Uc} 代替,混凝土轴心抗拉强度标准值 f_{tk} 应以 UHPC 轴心抗拉强度标准值 $f_{Ut,k}$ 代替,混凝土轴心抗压强度标准值 f_{ck} 应以 UHPC 轴心抗压强度标准值 $f_{Uc,k}$ 代替。

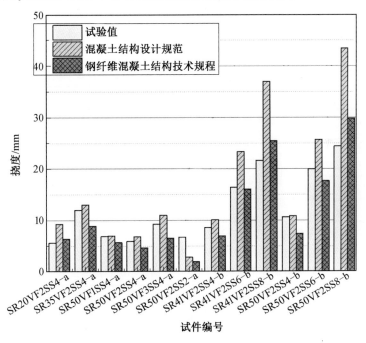

图 3.13　UHPC 受弯构件最大挠度计算值与试验值比较

UHPC 构件的截面抵抗矩塑性影响系数应按国家标准《混凝土结构设计规范(2015年版)》(GB 50010—2010)相关规定要求计算。考虑载荷长期作用对挠度增大的影响系数应按国家标准《混凝土结构设计规范(2015 年版)》(GB 50010—2010)相关规定取值。

3.5 构造规定

本节主要介绍了 UHPC 构件中保护层与锚固的规定。对于 UHPC 构件保护层厚度的确定,参照法国规范 *National Addition to Eurocode 2 — Design of Concrete Structures：Specific Rules for Ultra-high Performance Fibre-reinforced Concrete* (UPHFRC)(NF P 18-710—2016)的规定,对 UHPC 保护层最小厚度取值做出了规定,考虑了四方面控制限值。而对于 UHPC 构件的基准锚固长度的计算模式,可遵循普通钢筋混凝土的基准锚固长度计算模式,并考虑 UHPC 抗拉强度影响。通过国内外相关研究的数据统计和计算算例对 UHPC 构件中保护层与锚固的规定依据进行了解释和说明。

3.5.1 UHPC 构件保护层

UHPC 构件中普通钢筋和预应力筋的保护层厚度应符合下列要求：

$$c_{\min} = \max\{c_{\min,b} \quad c_{\min,dur} \quad c_{\min,p}\} \tag{3.62}$$

式中 $c_{\min}$——UHPC 构件中钢筋保护层厚度;

$c_{\min,b}$——锚固要求的最小保护层厚度,普通钢筋取钢筋直径,后张预应力预留圆形孔道取孔道直径,扁形孔道取长轴直径的 1/2,先张法预应力筋取钢绞线(或钢丝)直径 2 倍与最大骨料直径 1/2 的较大值;

$c_{\min,dur}$——根据环境条件确定的 UHPC 结构最小保护层厚度,应符合表 3.6 和表 3.7 的要求。

表 3.6 不同环境条件下钢筋 UHPC 结构最小保护层厚度 $c_{\min,dur}$ 要求   mm

使用年限类别	环境类别					
	一	二 a	二 b	三 a	三 b	四
5 年	15	15	15	15	15	20
25 年	15	15	15	15	20	20
50 年	15	15	15	20	20	20
100 年	15	20	20	20	20	20

注:环境类别应按国家标准《混凝土结构设计规范(2015 年版)》(GB 50010—2010)规定划分,使用年限分类应按《建筑结构可靠度设计统一标准》(GB 50068—2018)划分。

表 3.7 不同环境条件下预应力 UHPC 结构最小保护层厚度 $c_{\min,dur}$ 要求   mm

使用年限类别	环境类别					
	一	二 a	二 b	三 a	三 b	四
5 年	15	15	15	20	20	20
25 年	15	15	20	20	20	25
50 年	15	20	20	20	25	25
100 年	20	20	25	25	30	30

$c_{\min,p}$——考虑 UHPC 布置条件的最小保护层厚度,按下式计算:

$$c_{\min,p} = \max\{1.5l_f; 1.5D_{\sup}; \varphi\} \tag{3.63}$$

式中　l_f——纤维长度;

　　　$D_{\sup}$——UHPC 最大骨料尺寸;

　　　φ——钢筋、先张法预应力筋或后张预应力预留孔道的直径。

3.5.2　钢筋在 UHPC 中的锚固

1. 普通钢筋

(1)基本锚固长度。

对于 UHPC 构件的基准锚固长度的计算模式,可遵循普通钢筋混凝土的基准锚固长度计算模式,并考虑 UHPC 抗拉强度影响。在充分利用钢筋的抗拉强度时,普通(热轧带肋)钢筋基本锚固长度应按下式计算:

$$l_{ab} = \alpha \frac{f_y}{f_{Ut}} d \tag{3.64}$$

式中　l_{ab}——受拉钢筋在 UHPC 中的基本锚固长度;

　　　α——锚固钢筋的外形系数;

　　　f_y——普通(带肋)钢筋的抗拉强度设计值;

　　　d——锚固钢筋的直径。

(2)黏结强度。

对国内 135 组带肋钢筋(HRB335、HRB400 和 HRB500)在 UHPC 中心和偏心拉拔锚固试验(破坏模式均为拔出破坏)的统计表明,在一定范围内,带肋钢筋在 UHPC 中的黏结强度随着相对保护层厚度的增加而增大(图 3.14),随着相对锚固长度的增加而减小,随着 UHPC 强度的提高和钢筋强度的提高而增大。考虑到数据样本的数量,本条仅

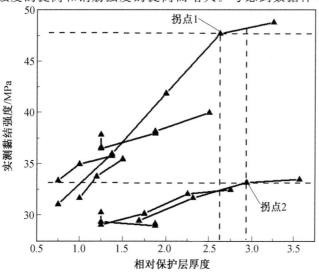

图 3.14　黏结强度与相对保护层厚度的关系图

对 HRB500 钢筋在 UHPC 中的黏结强度进行分析，且不考虑钢筋实测屈服强度差异的影响；主要考察相对锚固长度、相对保护层厚度和 UHPC 强度的影响。

从图 3.14 可知，当相对保护层厚度 $c/d>3.0$ 时，保护层的增加对黏结强度的影响可以忽略不计，因此，当相对保护层厚度 $c/d>3.0$ 时，取为 3。经回归分析，得到极限黏结强度计算公式为

$$\tau_u = (0.586 + 1.903d/l_a)(2.259 + 0.393c/d)\sqrt{f_{Uc}}$$
$$(2 \leqslant l_a/d \leqslant 6, 0.75 \leqslant c/d \leqslant 3.0) \tag{3.65}$$

将回归公式计算的黏结强度 τ_u^c 与试验实测黏结强度 τ_u^0 进行对比，偏差如图 3.15 所示，平均值 $\mu_{\tau_u^0/\tau_u^c} = 0.99937$，变异系数 $\delta_{\tau_u^0/\tau_u^c} = 0.13746$，可见拟合公式计算的黏结强度与实测黏结强度，偏差大部分在 $\pm15\%$ 范围内，回归公式较好地反映了各参数对极限黏结强度的贡献。

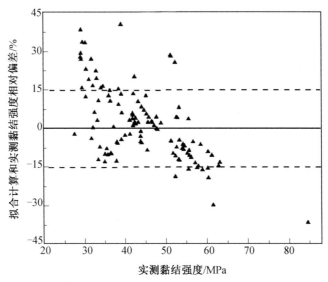

图 3.15 拟合公式计算黏结强度与实测黏结强度对比图

（3）锚固钢筋的外形系数。

根据临界锚固长度极限状态方程：

$$4\frac{l_a^{cr}}{d}\tau_u = f_y \tag{3.66}$$

按照《建筑结构可靠度设计统一标准》（GB 50068—2018）中安全等级为二级的建筑结构构件，取锚固可靠指标 $\beta=3.95$ 进行可靠度分析。根据统计的变量平均值及变异系数等，假设锚固抗力 R 和作用效应 S 均服从对数正态分布，通过中心点法求解不同强度对应的临界锚固长度，偏安全地取 $l_a/d=6.83$。

参照《混凝土结构设计规范（2015 年版）》（GB 50010—2010）中规定：$l_{ab} = \alpha\frac{f_y}{f_t}d$。将 HRB500 的统计平均值和规程不同强度等级的 UHPC 抗拉强度统计值代入，可得不同强度等级的 UHPC 对应的钢筋外形系数，如表 3.8 所示。

表 3.8　钢筋外形系数

强度等级	UHT 4.2	UHT 6.4	UHT 10
$f_{\text{Ut,m}}$	6.509	9.668	13.705
α	0.08	0.12	0.17

因此,这里建议 UHPC 中的锚固钢筋外形系数 α 近似取 0.17。

2. 光圆钢筋

根据国内外光圆钢筋在 UHPC(纤维体积分数为 2%)中的黏结滑移强度试验结果,计算分析了相同工况下光圆钢筋在 C60 和 C80 中的黏结强度,如图 3.16(a)所示。结果表明,光圆钢筋在 UHPC 中的黏结强度总体上大于光圆钢筋在 C60 及 C80 中的黏结强度。

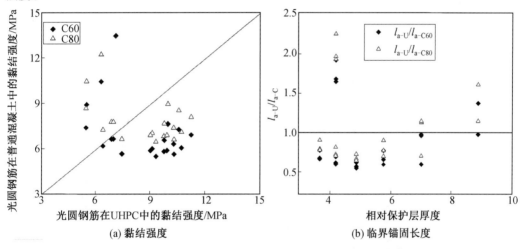

图 3.16　光圆钢筋在 UHPC 及 C60、C80 中的黏结性能统计分析

根据上述光圆钢筋在 UHPC 及 C60、C80 中的黏结强度结果,由临界锚固长度定义,得到在相同保护层和光圆钢筋直径条件下,光圆钢筋在 UHPC 中的临界锚固长度 $l_{\text{a-U}}$ 同光圆钢筋在 C80 和 C60 中的临界锚固长度 $l_{\text{a-C80}}$、$l_{\text{a-C60}}$ 的比值(相对临界锚固长度),即 $l_{\text{a-U}}/l_{\text{a-C80}}$、$l_{\text{a-U}}/l_{\text{a-C60}}$,结果如图 3.16(b)所示。从图中可知,光圆钢筋在 UHPC 中的临界锚固长度与光圆钢筋在 C60、C80 中的临界锚固长度之比基本小于 1,即光圆钢筋在 UHPC 中的临界锚固长度小于光圆钢筋在 C60、C80 中的临界锚固长度,所以,可以偏安全地取光圆钢筋在 C80 中的锚固长度作为光圆钢筋在 UHPC 中的锚固长度取值。

3. 预应力筋

统计了国内外七股钢绞线在 UHPC 中的黏结性能,结果表明:钢绞线在 UHPC 中的平均黏结强度介于 7~22 MPa 之间,远大于钢绞线在普通混凝土 C30~C50 中的黏结强度(1.9~3.6 MPa)。在此基础上,通过钢绞线在普通混凝土中黏结强度试验数据统计分析,钢绞线在普通混凝土中的黏结强度可按下式计算:

$$\tau = \left(1.376\,79 + \frac{3.423\,66}{l_{\text{a}}/d} + 0.194\,\frac{c}{d} + 2.113\,66\,\frac{d}{S_{\text{av}}}\right)f_{\text{t}} \tag{3.67}$$

　　试验值与回归公式预测值的比较如图 3.17 所示,结果表明预测值与试验值的误差整体上在±15％之内,因此式(3.67)可以较为准确地预测钢绞线在普通混凝土中的黏结强度。

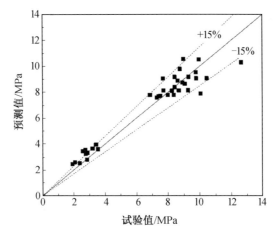

图 3.17　钢绞线在普通混凝土中的黏结强度比较

　　根据式(3.67)计算得到相同工况下钢绞线在 C60 和 C80 混凝土中的平均黏结强度,并与钢绞线在 UHPC 中的黏结强度进行对比,如图 3.18 所示。结果表明,钢绞线在 UHPC 中的黏结强度总体上大于钢绞线在 C60 中的黏结强度,部分大于钢绞线在 C80 中的黏结强度。

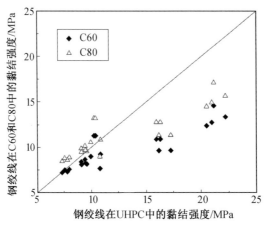

图 3.18　钢绞线在 UHPC 及 C60、C80 中的黏结强度比较

　　由上述钢绞线在 UHPC 及 C60、C80 中的黏结强度结果,及临界锚固长度的定义式,得到在相同保护层和钢绞线直径条件下,钢绞线在 UHPC 中的临界锚固长度 l_{a-U} 同钢绞线在 C80 和 C60 中的临界锚固长度 l_{a-C80}、l_{a-C60} 的比值(相对临界锚固长度),即 l_{a-U}/l_{a-C80}、l_{a-U}/l_{a-C60},结果如图 3.19 所示。从图中可知,钢绞线在 UHPC 的临界锚固长度与钢绞线在 C60 中的临界锚固长度之比总体上均小于 1,即钢绞线在 UHPC 中的临界锚固长度小于钢绞线在 C60 中的临界锚固长度值。因此,建议钢绞线在 UHPC 中的基本锚固长度按钢绞线在 C60 中的基本锚固长度取值,这是偏保守的。

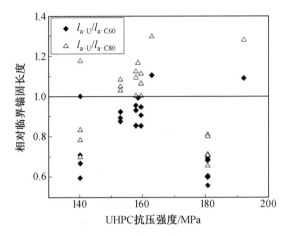

图 3.19　钢绞线在 UHPC 及 C60、C80 中的基本锚固长度

3.5.3　其他构造规定

筒壁的最小厚度 $t_{\min}$(mm)可按下式计算：

$$t_{\min} = \max\{100 + 0.01d, 150\} \tag{3.68}$$

式中　　d——塔筒外径(mm)。

塔筒可采用同一坡度圆锥形，设计有要求时也可采用分段不同直径的圆柱形、八边形或其他截面形式的组合形式。纵向或环向钢筋的超高性能混凝土保护层厚度应根据结构的环境类别和作用等级确定，但不宜小于 20 mm。筒壁外表面至竖向预留孔道壁的距离应大于 40 mm 且不宜小于孔道直径的一半。竖向孔道之间的净距应不小于 50 mm 或孔道直径。筒壁上的孔洞应规整，同一截面上开多个孔洞时，应均匀布置。

在各承载力极限状态满足验算规定前提下，当预应力和 S1 水平载荷组合作用下 UHPC 塔筒截面未达到消压时，截面最小配筋率可不做要求。否则，预应力钢纤维混凝土塔筒宜配置双排纵向钢筋和双层环向钢筋，且纵向普通钢筋应采用变形钢筋，其最小配筋率应符合表 3.9 的要求。

表 3.9　UHPC 塔筒的最小配筋率

塔筒配筋类别		最小配筋率/%
纵向钢筋	外排	0.20
	内排	0.15
环向钢筋	外排	0.15
	内排	0.15

需要注意的是，环向钢筋最小配筋率尚不应小于 $0.25 f_{Ut}/f_y$，其中 f_{Ut}、f_y 分别为 UHPC 和钢筋抗拉强度设计值；在各承载力极限状态满足验算规定前提下，当预应力和 S1 水平载荷组合作用下 UHPC 塔筒截面未达到消压时，截面最小配筋率可不做要求。

纵向钢筋和环向钢筋的最小直径及最大间距应符合表 3.10 的规定。

表 3.10 钢筋最小直径和最大间距   mm

配筋类别	钢筋最小直径	钢筋最大间距
纵向钢筋	10	外侧 250，内侧 300
环向钢筋	8	250，且不大于筒壁厚度

内、外层环向钢筋应分别与内、外排纵向钢筋绑扎成钢筋网，如图 3.20 所示。壁厚大于 400 mm 时，内、外钢筋网之间应用拉筋连接，拉结筋直径不宜小于 6 mm，拉筋的纵横间距应不大于 600 mm。拉结筋应交错布置，并与纵向钢筋牢固连接。

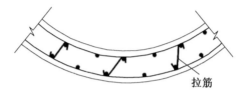

拉筋

图 3.20 纵向钢筋与环向钢筋布置

直径超过 300 mm 的圆孔及边长超过 300 mm 的矩形孔应按下列要求布置补强钢筋：

(1)补强钢筋应靠近洞口周围布置，其面积可取同方向被孔洞切断钢筋截面积的 1.3 倍。

(2)矩形孔洞的四角处应配置 45° 方向的斜向钢筋，每处斜向钢筋可按筒壁每 100 mm 厚度采用 250 mm^2 的钢筋面积，且钢筋不宜少于 2 根。

(3)所有补强钢筋伸过孔洞边缘的长度不应小于 45 倍钢筋直径。

后张法有黏结预应力超高性能混凝土塔筒应设置灌浆孔和排气孔。预应力钢绞线的锚垫板和张拉设备的支承处应进行局部加强，其配筋量应根据国家标准《混凝土结构设计规范(2015 年版)》(GB 50010—2010)相关规定计算。锚垫板的承压面应与孔道末端垂直，预应力钢绞线或孔道曲线末端直线段长度应符合表 3.11 的要求。

表 3.11 预应力钢绞线曲线起始点与张拉锚固点之间直线段最小长度

预应力钢绞线张拉控制力 /kN	< 1 500	1 500~6 000	> 6 000
直线段最小长度/mm	400	500	600

第4章　UHPC 预应力塔筒节段性能优化

4.1　UHPC 塔筒有限元模型

4.1.1　基本信息

本章以设计轮毂高度 140 m 的 H140 型塔筒为例,基于 ABAQUS 有限元分析,考察结构参量对塔筒节段在承载力极限状态下的受力性能影响。H140 型 UHPC 塔筒截面采用常用的 C 形管片拼装而成,如图 4.1 所示。

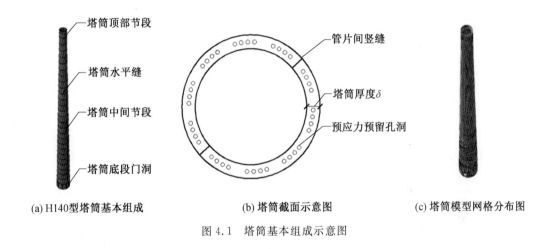

(a) H140型塔筒基本组成　　　　(b) 塔筒截面示意图　　　　(c) 塔筒模型网格分布图

图 4.1　塔筒基本组成示意图

有限元模型包括混凝土转接段、混凝土段、预应力筋、普通钢筋、门洞等部分。模型命名规则:RCX－Y 代表混凝土等级为 X、壁厚为 Y 的高为 140 m 的钢筋混凝土塔筒;CX－Y 代表混凝土等级为 X、壁厚为 Y 的高为 140 m 的素混凝土塔筒;UHPC－UHCX－Y 代表 UHPC 等级为 X、壁厚为 Y 的高为 140 m 的 UHPC 无筋塔筒。

塔筒底部直径均为 8.62 m,塔筒顶部直径均为 4.3 m,塔筒总高度均为 110.5 m,坡度为 3%,节段高度为 4 m,塔筒类型为 O 型,总节段数为 27 个,预应力钢绞线种类为 1×7 标准型,公称直径为 15.2 mm,预应力钢绞线每 9 根为一束,沿塔筒圆截面均匀布置 40 束,普通钢筋等级均为 HRB400 级。其中,改变的模型参数如表 4.1 所示。

表 4.1　模型基本信息

型号/参数	壁厚/mm	混凝土等级	环筋直径/mm	环筋配筋率/%	竖向钢筋直径/mm	竖向钢筋配筋率/%
RC80−220	220	C80	10	0.40	12	0.45
C80−220	220	C80	—	—	—	—
UHPC−UHC120−220	220	UHC120	—	—	—	—
UHPC−UHC140−220	220	UHC140	—	—	—	—
UHPC−UHC160−220	220	UHC160	—	—	—	—
UHPC−UHC180−220	220	UHC180	—	—	—	—
UHPC−UHC120−200	200	UHC120	—	—	—	—
UHPC−UHC120−180	180	UHC120	—	—	—	—
UHPC−UHC120−150	150	UHC120	—	—	—	—

4.1.2　材料本构模型

本章的有限元模型中用到两种材料:钢材和混凝土。由于实际工程中塔筒不允许达到极限状态,甚至不允许出现过宽裂缝,除了应力集中外,绝大部分都处于弹性状态范围内,因此只进行弹性分析。

(1)钢材的本构模型。

参照混凝土结构设计规范,钢筋单调加载的应力应变本构关系有三种。由于实际工程中应用的大多是高强钢筋,故本章选用双斜线模型本构。钢筋材料参数如表 4.2 所示。

表 4.2　钢筋材料的设置参数

钢筋等级	弹性模量/GPa	泊松比
HRB400	200	0.3
钢绞线	195	0.3

(2)混凝土本构模型。

定义普通混凝土材料属性参数时,混凝土的弹性模量取 38 000 N/mm^2,泊松比取 0.2,对于超高性能混凝土的输入参数如表 4.3 所示。

表 4.3　混凝土模型输入基本参数

混凝土模型输入基本参数	C80	UHC120	UHC140	UHC160	UHC180
弹性模量/GPa	38	44.1	47	49.4	51.4
泊松比	0.2	0.20	0.20	0.20	0.20
密度/(kg·m^{-3})	2 400	2 400	2 400	2 400	2 400

4.1.3　单元选取和网格划分

模型的收敛性和精确性与模型的单元选取和网格划分有着很重要的联系。在本章的有限元模型中，混凝土段统统采用三维实体单元，并采用三维八节点六面体减缩积分单元（C3D8R）；钢筋采用三维两节点桁架单元（T3D2）。划分网格时，对实体单元使用结构化网格划分技术（Structured），另外划分网格之前在不规则部分如门洞处还需要进行合理分割，以便优化网格。网格划分后，节点总数为 215 013 个，单元总数为 158 264 个。

4.1.4　相互作用及载荷边界条件

由于预应力混凝土塔筒水平缝处采用环氧树脂结构胶，其抗拉和抗剪强度远大于普通混凝土，故混凝土塔筒按照整体进行建模，只是在水平缝处将普通钢筋断开。通过约束将普通钢筋嵌入（Embedded）到混凝土单元内，以此模拟钢筋混凝土结构。

在定义载荷时，不能将载荷直接施加到混凝土塔筒外表面上，而是选定参考点，将其与要施加载荷的面进行耦合（Coupling），对耦合后的参考点施加弯矩、扭矩、剪力和轴力，就等于施加在该部件的表面上。本结构每隔 4 m 建立一个参考点然后施加载荷。结构中的预应力筋通过降温法对预应力钢绞线施加预应力。定义钢绞线材料属性时，定义热膨胀系数为 0.000 012 5 mm/mm·℃，然后在载荷模块中创建预定义场和温度参数，温度为 −533 ℃。

另外，对塔筒底部施加固定边界条件，将塔筒底面与一参考点耦合，对该参考点施加固定边界条件。

4.2　承载能力极限工况下塔筒性能分析

4.2.1　配筋对塔筒主应力影响结果分析

为了研究配筋对混凝土塔筒的影响，分别对素混凝土塔筒和钢筋混凝土塔筒进行了有限元静力分析，得到两种模型的主应力分布情况下，包括模型的最大主拉应力和最大主压应力云图，其中又包括底层 M01 段、M02～M27 中间节段和 M28 段，结果如图 4.2～4.5 及图 4.7 所示。

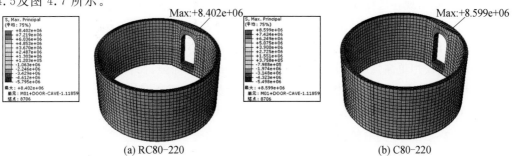

(a) RC80-220　　　　　　　　　　(b) C80-220

图 4.2　M01 段主拉应力云图（彩图见附录）

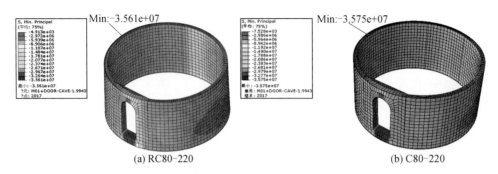

(a) RC80-220   (b) C80-220

图 4.3   M01 段主压应力云图（彩图见附录）

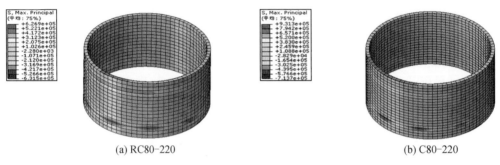

(a) RC80-220   (b) C80-220

图 4.4   M02～M27 中间节段主拉应力云图（以 M02 为例）（彩图见附录）

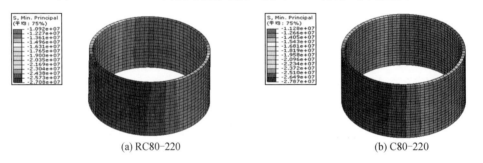

(a) RC80-220   (b) C80-220

图 4.5   M02～M27 中间节段主压应力云图（以 M02 为例）（彩图见附录）

1. M01 段主应力云图

根据有限元计算结果，对于塔筒底部开洞环段，塔筒门洞上方出现了应力集中，塔筒的主拉应力均出现在塔筒环片的门洞上方。普通钢筋混凝土底段开洞塔筒管片的最大主拉应力约为 8.40 MPa，而对于素混凝土底部开洞塔筒的最大主拉应力约为 8.60 MPa，说明配筋对塔筒底段门洞处的应力集中有一定改善，但作用影响不大，二者均超过混凝土的极限强度，应使用更高强度的 UHPC 材料进行局部替代加强；而普通钢筋混凝土底段开洞塔筒环片的最大主压应力为 35.61 MPa，素混凝土底部开洞塔筒的最大主压应力为35.75 MPa。说明塔筒主要依靠混凝土受压，钢筋对塔筒底段的主压应力影响也不大。

2. M02～M27 中间节段应力云图

根据有限元计算结果，其应力云图趋势基本一致，故仅取 M02 环段为代表进行分析说明。塔筒的每个中间节段的主拉应力极值出现在塔筒接缝处，而塔筒的主压应力则出现在每一个环段的接缝处。对两类塔筒提取各标段的主应力,如图 4.6 所示。

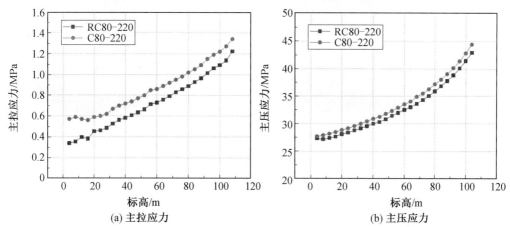

(a) 主拉应力　　　　　　　　　　　(b) 主压应力

图 4.6　M02~M27 中间节段主应力分布

由有限元结果数据统计可知,随着塔筒标高的不断升高,素混凝土塔筒和普通钢筋混凝土塔筒的主压应力和主拉应力均呈现增大趋势;对于主拉应力,钢筋的存在有利于减小塔筒中间节段的主拉应力,平均降低约 0.14 MPa;对于主压应力,钢筋的存在有利于减小塔筒中间节段的主压应力,但是作用不大。素混凝土塔筒主压应力高于普通钢筋混凝土塔筒主压应力,平均高出 1.1 MPa;塔筒的最大主拉应力远小于破坏强度,最大主压应力达到破坏强度。

3. M28 塔筒段应力云图

M28 塔筒段应力计算结果如图 4.7 和图 4.8 所示。

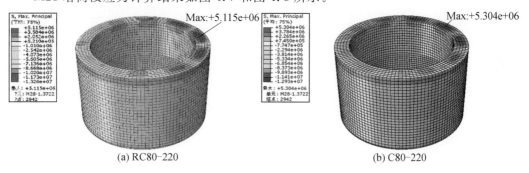

(a) RC80-220　　　　　　　　　　(b) C80-220

图 4.7　M28 段主拉应力云图(彩图见附录)

对于塔筒 M28 段,其构造、配筋均不同于中间节段塔筒,其上承钢质转接段,预应力筋端部锚固其上,容易出现应力集中现象,故其顶部壁厚较大。对于主拉应力而言,普通钢筋混凝土塔筒的最大主拉应力约为 5.12 MPa,素混凝土塔筒的最大主拉应力约为 5.30 MPa;而对于塔筒的主压应力,普通钢筋混凝土塔筒的最大主压应力为 55.46 MPa,素混凝土塔筒的最大主压应力为 55.49 MPa。素塔筒的主拉应力和主压应力均略大于普通钢筋混凝土。但是二者相差不大,已经达到破坏强度,需要使用更高强度的 UHPC 材料进行代替。

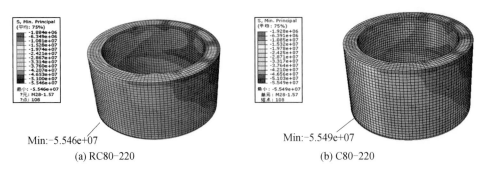

Min:-5.546e+07   Min:-5.549e+07

(a) RC80-220   (b) C80-220

图 4.8　M28 段主压应力云图(彩图见附录)

综上,素混凝土塔筒和钢筋混凝土塔筒在各个塔筒环段的最大主拉应力和主压应力分布如表 4.4 所示。

表 4.4　RC80-220 和 C80-220 主应力分布

标高范围/m	C80-220 最大主拉应力/MPa	RC80-220 最大主拉应力/MPa	C80-220 最大主压应力/MPa	RC80-220 最大主压应力/MPa
0~4	8.60	8.40	35.61	35.75
4~8	0.59	0.36	27.88	27.14
8~12	0.57	0.40	28.15	27.38
12~16	0.56	0.38	28.47	27.66
16~20	0.59	0.45	28.83	28.09
20~24	0.53	0.43	29.15	28.38
24~28	0.62	0.49	29.56	28.76
28~32	0.67	0.53	29.98	29.14
32~36	0.70	0.56	30.43	29.55
36~40	0.72	0.58	30.88	29.97
40~44	0.74	0.61	31.25	30.31
44~48	0.77	0.64	31.79	30.80
48~52	0.80	0.67	32.32	31.43
52~56	0.85	0.71	32.92	31.97
56~60	0.86	0.73	33.53	32.53
60~64	0.89	0.76	34.05	33.01
64~68	0.92	0.79	34.93	33.64
68~72	0.95	0.83	35.51	34.36
72~76	0.98	0.86	36.30	35.07
76~80	1.02	0.89	37.20	35.92

续表4.4

标高范围/m	C80-220 最大主拉应力/MPa	RC80-220 最大主拉应力/MPa	C80-220 最大主压应力/MPa	RC80-220 最大主压应力/MPa
80~84	1.05	0.93	38.03	36.85
84~88	1.09	0.96	39.04	37.80
88~92	1.15	1.01	40.15	38.82
92~96	1.26	1.06	41.37	40.06
96~100	1.22	1.09	42.81	41.42
100~104	1.27	1.14	44.39	42.91
104~108	1.34	1.22	46.86	45.24
108~110.5	5.30	5.11	55.49	55.40

根据以上对塔筒 M01~M28 段的分析,对于塔筒中间节段而言,塔筒配筋会减小塔筒中间节段的主拉应力而且减小幅度很大,但是塔筒的主拉应力远小于抗拉强度,而塔筒环段内配置普通钢筋虽然会减小塔筒的主压应力,但减小幅度很小,说明配筋已经不能满足塔筒继续向深空高空发展的强度要求;对于素混凝土塔筒和钢筋混凝土塔筒的底段和顶段主应力均超过混凝土极限强度的情况,使用 UHPC 塔筒替代普通钢筋混凝土塔筒在材料方面具有一定的合理性。

4.2.2　UHPC 材料对塔筒主应力影响结果分析

根据 ABAQUS 有限元运行分析,提取塔筒节段最大主拉应力和最大主压应力云图,其中包括底层 M01 段、M02~M27 中间节段和 M28 段。

1.M01 段主应力云图

M01 段主应力云图如图 4.9 和图 4.10 所示。

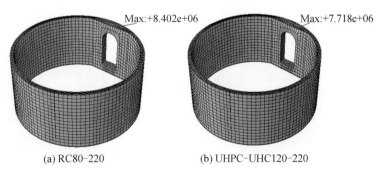

Max:+8.402e+06　　　　　　　Max:+7.718e+06

(a) RC80-220　　　　　　(b) UHPC-UHC120-220

图 4.9　M01 段主拉应力云图

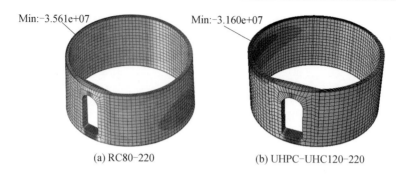

(a) RC80-220　　　　　　　(b) UHPC-UHC120-220

图 4.10　M01 段主压应力云图

根据有限元计算结果,对于塔筒底部开洞环段,塔筒门洞上方出现了应力集中,塔筒的主拉应力均出现在塔筒环片的门洞上方。普通钢筋混凝土底段开洞塔筒管片的最大主拉应力约为 8.40 MPa,而对于 UHC120 底部开洞塔筒的最大主拉应力约为 7.72 MPa,小于配筋的主应力,主要原因是底部门洞处配筋加密,位置摆放可能存在问题,但是二者均超过混凝土的极限强度,应使用更高强度的 UHPC 材料进行局部替代加强;而普通钢筋混凝土底段开洞塔筒环片的最大主压应力为 35.61 MPa,UHC120 底部开洞塔筒的最大主压应力为 31.60 MPa。说明塔筒主要依靠混凝土受压,钢筋对塔筒底段的主压应力影响也不大。

2. M02～M27 中间节段应力云图

M02～M27 中间节段主应力云图如图 4.11 和图 4.12 所示。

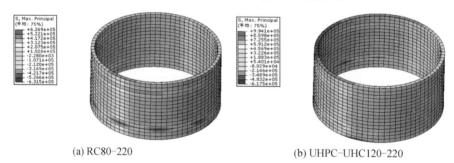

(a) RC80-220　　　　　　　(b) UHPC-UHC120-220

图 4.11　M02～M27 中间节段主拉应力云图(以 M02 为例)(彩图见附录)

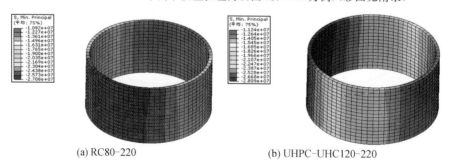

(a) RC80-220　　　　　　　(b) UHPC-UHC120-220

图 4.12　M02～M27 中间节段主压应力云图(以 M02 为例)(彩图见附录)

根据有限元计算结果,其应力云图趋势基本一致,故仅取 M02 环段为代表进行分析说明。对于塔筒的主拉应力和主压应力,两类塔筒的应力分布趋势基本一致。对两类塔筒提取各标段的主应力数据,如图 4.13 所示。

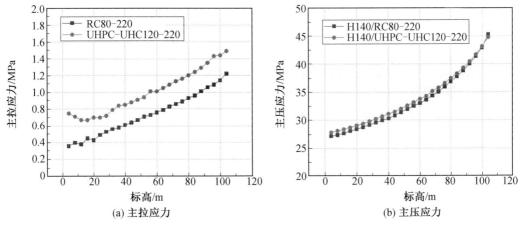

(a) 主拉应力　　　　　　　　　　　　　(b) 主压应力

图 4.13　M02～M27 中间节段主应力分布

由统计的有限元结果数据可知,随着塔筒标高的不断升高,UHPC 塔筒和普通钢筋混凝土塔筒均呈现增大趋势;UHPC 塔筒的主拉应力和主压应力均高于普通钢筋混凝土塔筒,主拉应力平均高出约 0.28 MPa,主压应力平均高出 0.6 MPa;但 UHPC 塔筒的主应力均未达到其破坏强度,说明使用 UHPC 塔筒代替普通钢筋混凝土塔筒在材料方面具有其合理性。

3. M28 段应力云图

M28 段主应力云图如图 4.14 和图 4.15 所示。

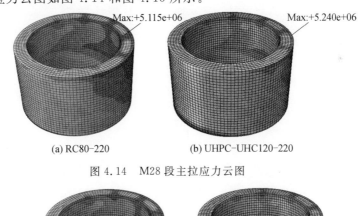

(a) RC80-220　　　　　　　　　　　　(b) UHPC-UHC120-220

图 4.14　M28 段主拉应力云图

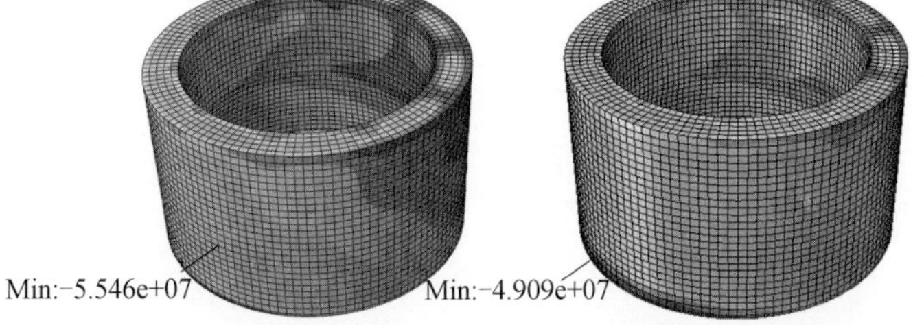

(a) RC80-220　　　　　　　　　　　　(b) UHPC-UHC120-220

图 4.15　M28 段主压应力云图

对于塔筒 M28 段,其构造、配筋均不同于中间节段塔筒,其上承钢质转接段,预应力筋端部锚固其上,容易出现应力集中现象,故其顶部壁厚较大。对于主拉应力而言,普通钢筋混凝土塔筒的最大主拉应力约为 5.12 MPa,UHC120 塔筒的最大主拉应力为 5.24 MPa;而对于塔筒的主压应力,普通钢筋混凝土塔筒的最大主压应力为 55.46 MPa,UHPC 塔筒的最大主压应力为 49.09 MPa。UHPC 塔筒的主拉应力和主压应力均略小于普通钢筋混凝土。但是二者相差不大,普通钢筋混凝土已经达到破坏强度,需要使用更高强度的 UHPC 材料进行代替。

综上,UHPC 不配筋塔筒和钢筋混凝土塔筒在各个塔筒环段的最大主拉应力和主压应力分布如表 4.5 所示。

表 4.5　UHPC 塔筒和钢筋混凝土塔筒主应力分布

标高范围/m	UHPC－UHC120－220 最大主拉应力/MPa	RC80－220 最大主拉应力/MPa	UHPC－UHC120－220 最大主压应力/MPa	RC80－220 最大主压应力/MPa
0~4	7.71	8.40	31.6	35.75
4~8	0.75	0.36	27.81	27.14
8~12	0.71	0.40	28.10	27.38
12~16	0.67	0.38	28.37	27.66
16~20	0.67	0.45	28.68	28.09
20~24	0.70	0.43	29.05	28.38
24~28	0.70	0.49	29.37	28.76
28~32	0.72	0.53	29.78	29.14
32~36	0.79	0.56	30.20	29.55
36~40	0.84	0.58	30.65	29.97
40~44	0.85	0.61	31.11	30.31
44~48	0.88	0.64	31.48	30.80
48~52	0.91	0.67	32.02	31.43
52~56	0.94	0.71	32.57	31.97
56~60	1.01	0.73	33.16	32.53
60~64	1.01	0.76	33.78	33.01
64~68	1.05	0.79	34.28	33.64
68~72	1.09	0.83	35.16	34.36
72~76	1.13	0.86	35.77	35.07
76~80	1.16	0.89	36.58	35.92
80~84	1.20	0.93	37.49	36.85
84~88	1.24	0.96	38.29	37.80

续表4.5

标高范围/m	UHPC−UHC120−220 最大主拉应力/MPa	RC80−220 最大主拉应力/MPa	UHPC−UHC120−220 最大主压应力/MPa	RC80−220 最大主压应力/MPa
88～92	1.29	1.01	39.33	38.82
92～96	1.35	1.06	40.45	40.06
96～100	1.43	1.09	41.68	41.42
100～104	1.44	1.14	43.14	42.91
104～108	1.49	1.22	44.75	45.24
108～110.5	5.09	5.11	49.09	55.40

根据以上对塔筒 M01～M28 段的分析,使用不配筋的 UHPC 塔筒替代普通钢筋混凝土塔筒,只是略微增大塔筒的主压应力,对于塔筒中间节段主拉应力增大的较多,但是均在 UHPC 抗拉强度范围内,对于底段和顶段拉应力超过混凝土极限强度的情况,局部使用更高强度 UHPC 材料进行替代即可。因此,使用 UHPC 不配筋塔筒替代普通钢筋混凝土塔筒在材料方面具有一定的合理性。

4.2.3　UHPC 强度等级对塔筒主应力影响结果分析

UHPC 强度等级对塔筒主应力影响分别进行了 UHC120、UHC140、UHC160、UHC180(均未配筋)塔筒的有限元计算。以下是三种塔筒的主应力分析结果,分别包括底部开洞 M01 段、M02～M27 中间节段和顶部 M28 段。

1. M01 段主应力云图

M01 段主应力云图如图 4.16 和图 4.17 所示。

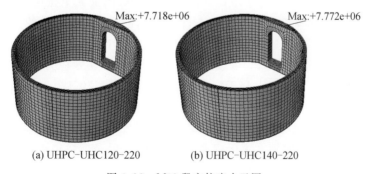

Max:+7.718e+06　　　　　　Max:+7.772e+06

(a) UHPC-UHC120-220　　　　　(b) UHPC-UHC140-220

图 4.16　M01 段主拉应力云图

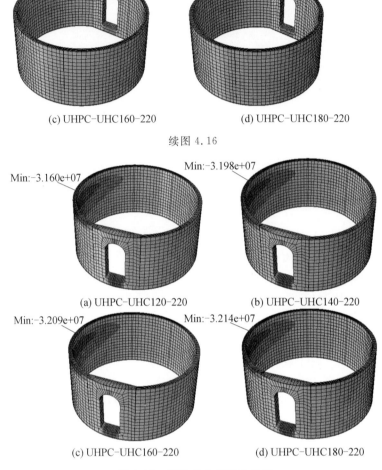

续图 4.16

(a) UHPC-UHC120-220   (b) UHPC-UHC140-220

(c) UHPC-UHC160-220   (d) UHPC-UHC180-220

图 4.17　M01 段主压应力云图

由有限元计算结果可知,对于塔筒开洞底段(M01)的最大主拉应力,使用 UHC120 时的最大主拉应力约为 7.72 MPa,使用 UHC140 时的最大主拉应力约为 7.77 MPa,使用 UHC160 时的最大主拉应力约为 7.79 MPa,使用 UHC180 时的最大主拉应力约为 7.80 MPa,由此可见,随着 UHPC 等级的提高,塔筒的最大主拉应力也随之增大,但是增幅很小,而且均出现在门洞上方,属于应力集中现象;使用 UHC120 时的最大主压应力为 31.6 MPa,使用 UHC140 时的最大主压应力为 31.98 MPa,使用 UHC160 时的最大主压应力为 32.09 MPa,使用 UHC180 时的最大主压应力为 32.14 MPa,由此可见,随着 UHPC 等级的提高,塔筒的最大主压应力也随之增大,但是增幅很小,均小于 UHPC 的抗压强度值。

2. M02～M27 中间节段主应力云图

M02～M27 中间节段主应力云图如图 4.18 和图 4.19 所示。

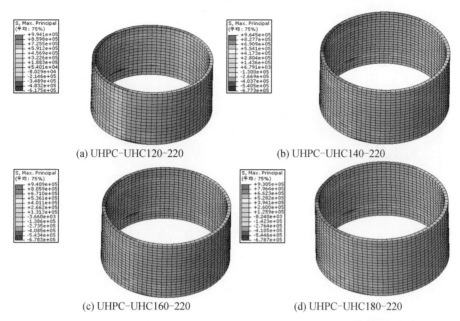

(a) UHPC-UHC120-220　　　　　　　(b) UHPC-UHC140-220

(c) UHPC-UHC160-220　　　　　　　(d) UHPC-UHC180-220

图 4.18　M02～M27 中间节段主拉应力云图（以 M02 为例）（彩图见附录）

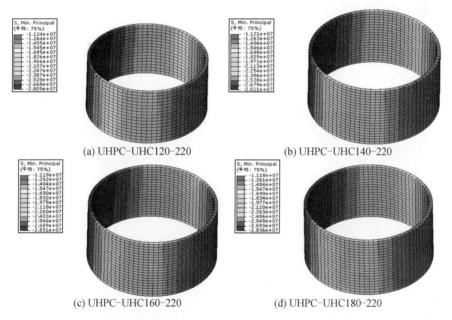

(a) UHPC-UHC120-220　　　　　　　(b) UHPC-UHC140-220

(c) UHPC-UHC160-220　　　　　　　(d) UHPC-UHC180-220

图 4.19　M02～M27 中间节段主压应力云图（以 M02 为例）（彩图见附录）

　　由图可知，不同等级 UHPC 塔筒环段的最大主应力均出现在塔筒的接缝处附近。不同等级 UHPC 塔筒中间节段主应力分布如图 4.20 所示。

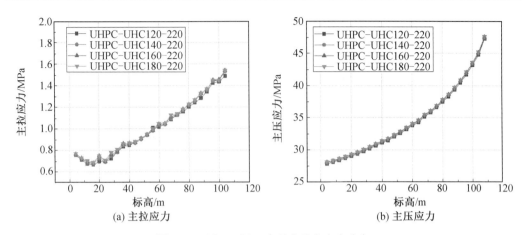

(a) 主拉应力　　　　　　　　　　　　(b) 主压应力

图 4.20　M02～M27 中间节段主应力分布

　　根据不同等级 UHPC 塔筒的主应力结果可知,不同等级的 UHPC 塔筒主拉应力和主压应力都随着塔筒高度逐渐增加;不同等级的 UHPC 塔筒主拉应力和主压应力差别不大。

3. M28 塔筒段应力云图

M28 段主应力云图如图 4.21 和图 4.22 所示。

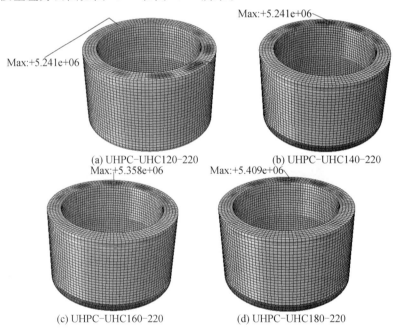

(a) UHPC-UHC120-220　　　　　　　(b) UHPC-UHC140-220

(c) UHPC-UHC160-220　　　　　　　(d) UHPC-UHC180-220

图 4.21　M28 段主拉应力云图

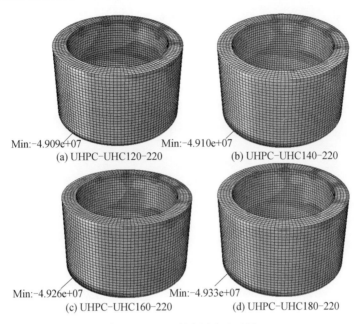

Min:-4.909e+07　　　　　　　　Min:-4.910e+07
(a) UHPC-UHC120-220　　　　　(b) UHPC-UHC140-220

Min:-4.926e+07　　　　　　　　Min:-4.933e+07
(c) UHPC-UHC160-220　　　　　(d) UHPC-UHC180-220

图 4.22　M28 段主压应力云图

由有限元计算结果可知,对于塔筒顶段(M28)的最大主拉应力,使用 UHC120 时的最大主拉应力约为 5.10 MPa,使用 UHC140 时的最大主拉应力约为 5.24 MPa,使用 UHC160 时的最大主拉应力约为 5.36 MPa,使用 UHC180 时的最大主拉应力约为 5.41 MPa,由此可见,随着 UHPC 等级的提高,塔筒的最大主拉应力也随之增大,但是增幅很小;使用 UHC120 时的最大主压应力为 49.09 MPa,使用 UHC140 时的最大主压应力为 49.10 MPa,使用 UHC160 时的最大主压应力为 49.26 MPa,使用 UHC180 时的最大主压应力为 49.33 MPa,随着 UHPC 等级的提高,塔筒的最大主压应力也随之增大,但是增幅很小。综上,UHPC 不配筋塔筒和钢筋混凝土塔筒在各个塔筒环段的最大主拉应力和主压应力分布如表 4.6 和表 4.7 所示。

表 4.6　不同等级的 UHPC 不配筋塔筒主拉应力分布

标高范围/m	UHPC-UHC120 -220 主拉应 力/MPa	UHPC-UHC140 -220 主拉应 力/MPa	UHPC-UHC160 -220 主拉应力 /MPa	UHPC-UHC180 -220 主拉应力 /MPa
0～4	7.72	7.77	7.79	7.80
4～8	0.75	0.76	0.77	0.77
8～12	0.71	0.72	0.73	0.73
12～16	0.67	0.68	0.69	0.71
16～20	0.67	0.68	0.68	0.69
20～24	0.70	0.72	0.75	0.75
24～28	0.70	0.69	0.70	0.71

续表4.6

标高范围/m	UHPC－UHC120－220 主拉应力/MPa	UHPC－UHC140－220 主拉应力/MPa	UHPC－UHC160－220 主拉应力/MPa	UHPC－UHC180－220 主拉应力/MPa
28～32	0.72	0.75	0.76	0.78
32～36	0.79	0.78	0.79	0.81
36～40	0.84	0.84	0.86	0.86
40～44	0.85	0.86	0.87	0.87
44～48	0.88	0.87	0.87	0.88
48～52	0.91	0.90	0.91	0.91
52～56	0.94	0.94	0.95	0.95
56～60	1.01	0.98	0.98	1.00
60～64	1.01	1.04	1.05	1.05
64～68	1.05	1.04	1.05	1.05
68～72	1.09	1.10	1.11	1.13
72～76	1.13	1.13	1.13	1.14
76～80	1.16	1.17	1.18	1.18
80～84	1.20	1.22	1.23	1.23
84～88	1.24	1.26	1.27	1.27
88～92	1.29	1.32	1.33	1.33
92～96	1.35	1.36	1.37	1.37
96～100	1.43	1.44	1.45	1.45
100～104	1.44	1.45	1.46	1.45
104～108	1.49	1.53	1.54	1.54
108～110.5	5.10	5.24	5.37	5.41

表 4.7 不同等级的 UHPC 不配筋塔筒主压应力分布

标高范围/m	UHPC－UHC120－220 主压应力/MPa	UHPC－UHC140－220 主压应力/MPa	UHPC－UHC160－220 主压应力/MPa	UHPC－UHC180－220 主压应力/MPa
0～4	31.6	31.98	32.09	32.14
4～8	27.81	28.00	28.10	28.14
8～12	28.10	28.22	28.33	28.37
12～16	28.37	28.50	28.60	28.64

续表4.7

标高范围/m	UHPC-UHC120-220 主压应力/MPa	UHPC-UHC140-220 主压应力/MPa	UHPC-UHC160-220 主压应力/MPa	UHPC-UHC180-220 主压应力/MPa
16～20	28.68	28.82	28.92	28.97
20～24	29.05	29.18	29.28	29.33
24～28	29.37	29.50	29.60	29.65
28～32	29.78	29.91	30.01	30.06
32～36	30.20	30.33	30.43	30.48
36～40	30.65	30.79	30.89	30.94
40～44	31.11	31.24	31.35	31.40
44～48	31.48	31.61	31.72	31.77
48～52	32.02	32.15	32.27	32.31
52～56	32.57	32.70	32.81	32.86
56～60	33.16	33.30	33.41	33.46
60～64	33.78	33.91	34.03	34.07
64～68	34.28	34.44	34.56	34.61
68～72	35.16	35.30	35.42	35.47
72～76	35.77	35.90	36.02	36.07
76～80	36.58	36.72	36.85	36.90
80～84	37.49	37.63	37.76	37.81
84～88	38.29	38.47	38.61	38.67
88～92	39.33	39.51	39.65	39.71
92～96	40.45	40.64	40.78	40.85
96～100	41.68	41.88	42.03	42.10
100～104	43.14	43.34	43.50	43.57
104～108	44.75	44.95	45.12	45.19
108～110.5	49.09	49.10	49.26	49.33

综上所述,UHPC 等级对塔筒的主应力影响不大,主拉应力和主压应力数值大小影响均在 1% 之内。建议对塔筒使用 UHPC 及其种类如表 4.8 所示。

表 4.8　塔筒不同部位建议使用 UHPC 等级表

项目	UHPC 抗压强度等级	UHPC 抗拉强度等级
塔筒底段	UHC120	UHT10
塔筒中间节段	UHC120	UHC4.2
塔筒顶段	UHC140	UHT10

4.2.4　UHPC 节段壁厚对塔筒主应力的影响

由前两节分析可知,塔筒顶段和底段都存在不同程度的应力集中,有的甚至超过材料的极限强度,但对于塔筒中间节段,其主应力相对较小,故仅仅改变塔筒中间节段的壁厚,而对塔筒底段和中间节段不做改动,分别建立了不同塔筒壁厚的塔筒整体有限元模型。以 UHC120 塔筒材料为例,由于塔筒中预应力筋和塔筒管片竖缝插筋的构造需要,塔筒最小壁厚取 150 mm,故以壁厚为 220 mm、200 mm、180 mm、150 mm 四种参数为自变量进行塔筒弹性有限元静力分析。以下是四种塔筒的主应力分析结果,分别包括底部开洞 M01 段、M02～M27 中间节段和顶部 M28 段。

1. M01 塔筒段主应力云图

M01 段主应力云图如图 4.23 和图 4.24 所示。

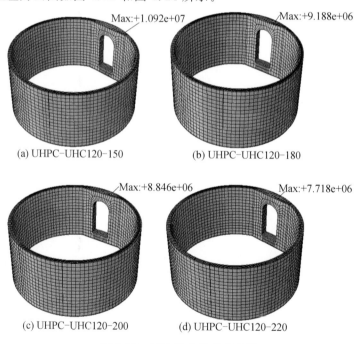

(a) UHPC-UHC120-150　　　　(b) UHPC-UHC120-180

(c) UHPC-UHC120-200　　　　(d) UHPC-UHC120-220

图 4.23　M01 段主拉应力云图

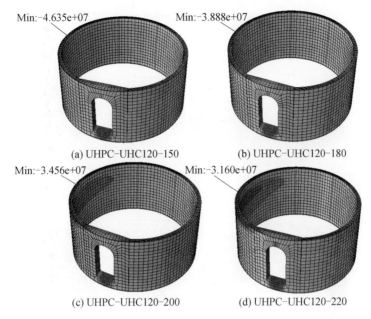

(a) UHPC-UHC120-150　　　　　(b) UHPC-UHC120-180

(c) UHPC-UHC120-200　　　　　(d) UHPC-UHC120-220

图 4.24　M01 段主压应力云图

　　由有限元计算结果可知,对于塔筒开洞底段(M01)的最大主拉应力,壁厚为 150 mm 时的最大主拉应力为 10.92 MPa,壁厚为 180 mm 时的最大主拉应力约为 9.19 MPa,壁厚为 200 mm 时的最大主拉应力约为 8.85 MPa,壁厚为 220 mm 时的最大主拉应力约为 7.72 MPa,由此可见,随着塔筒壁厚的减小,塔筒的最大主拉应力也随之增大,而且均出现在门洞上方,属于应力集中现象;壁厚为 150 mm 时的最大主压应力为 46.35 MPa,壁厚为 180 mm 时的最大主压应力为 38.88 MPa,壁厚为 200 mm 时的最大主压应力为 34.56 MPa,壁厚为 220 mm 时的最大主压应力为 31.60 MPa,随着塔筒壁厚的减小,塔筒的最大主压应力也随之增大,均小于 UHPC 的抗压强度值。

2. M02~M27 中间节段主应力云图

　　M02~M27 中间节段主应力云图如图 4.25 和图 4.26 所示。

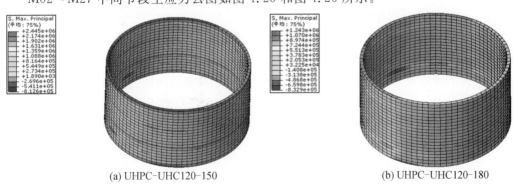

(a) UHPC-UHC120-150　　　　　　　　　　　　(b) UHPC-UHC120-180

图 4.25　M02~M27 中间节段主拉应力云图(以 M02 为例)(彩图见附录)

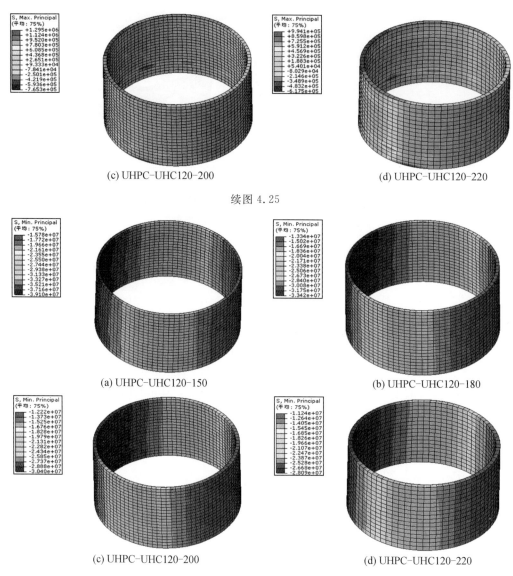

图 4.26　M02～M27 中间节段主压应力云图(以 M02 为例)(彩图见附录)

不同壁厚塔筒中间节段的主应力沿塔筒高度分布情况如图 4.27 所示。

根据不同塔筒壁厚的中间节段主应力结果可知,随着塔筒壁厚的减小,塔筒中间节段主拉应力和主压应力均逐渐增大,在 150～220 mm 壁厚范围内,塔筒的主拉应力均小于 UHC120 的抗拉强度。但 150 mm 壁厚的塔筒部分中间节段的主压应力超过 UHC120 的极限抗压强度。相对于主拉应力,壁厚对于塔筒中间节段的主压应力影响更大。

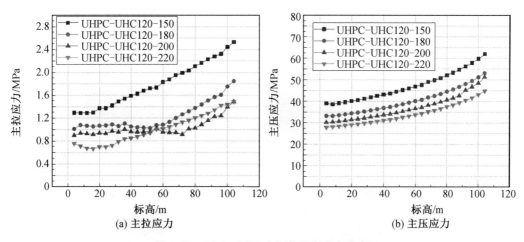

(a) 主拉应力　　　　　　　　　　　(b) 主压应力

图 4.27　M02～M27 中间节段主应力分布

3. M28 塔筒段应力云图

M28 段主应力云图如图 4.28 和图 4.29 所示。

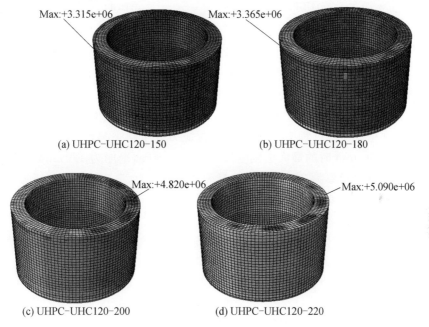

图 4.28　M28 段主拉应力云图

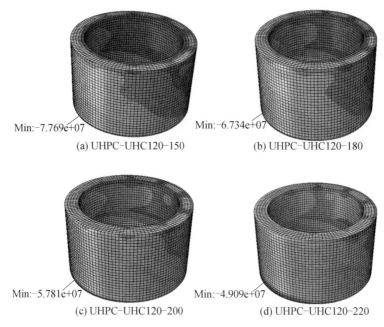

Min:-7.769e+07　　　　　　　　　　Min:-6.734e+07

(a) UHPC-UHC120-150　　　　　　　(b) UHPC-UHC120-180

Min:-5.781e+07　　　　　　　　　　Min:-4.909e+07

(c) UHPC-UHC120-200　　　　　　　(d) UHPC-UHC120-220

图 4.29　M28 段主压应力云图

　　由有限元计算结果可知,对于塔筒顶段(M28)的最大主拉应力,壁厚为 150 mm 时的最大主拉应力约为 3.32 MPa,壁厚为 180 mm 时的最大主拉应力约为 3.37 MPa,壁厚为 200 mm 时 的 最 大 主 拉 应 力 为 4.82 MPa,壁 厚 为 220 mm 时 的 最 大 主 拉 应 力 为 5.09 MPa,由此可见,随着塔筒壁厚的减小,塔筒的最大主拉应力也随之减小。从应力云图结果来看,在壁厚减小过程中,塔筒顶段主拉应力分布越来越均匀,应力集中现象有所减弱。壁厚为 150 mm 时的最大主压应力为 77.69 MPa,壁厚为 180 mm 时的最大主压应力为 67.34 MPa,壁厚为 200 mm 时的最大主压应力为 57.81 MPa,壁厚为 220 mm 时的最大主压应力为 49.09 MPa,随着塔筒壁厚的减小,塔筒的最大主压应力也随之增大,而且均出现在塔筒受压侧底部。

　　引起这种情况的原因主要考虑预应力筋锚固位置的变化。由于塔筒壁厚的减小,预应力筋锚固位置向塔筒外壁逐渐移动,进而引起塔筒内部的应力分布改变。由此可见,预应力筋的锚固位置在向塔筒外壁移动过程中有助于改善 UHPC 塔筒顶段锚固区的应力集中现象。

　　综上,不同壁厚 UHPC 不配筋塔筒在各个塔筒环段的最大主拉应力和主压应力分布如表 4.9 和表 4.10 所示。

表 4.9　不同壁厚的 UHPC 不配筋塔筒主拉应力分布

标高范围/m	UHPC－UHC120 －150 主拉应力 /MPa	UHPC－UHC120－ 180 主拉应力 /MPa	UHPC－UHC120 －200 主拉应力 /MPa	UHPC－UHC120 －220 主拉应力 /MPa
0～4	10.92	9.18	8.84	7.72
4～8	1.29	1.01	0.90	0.75
8～12	1.29	1.08	0.94	0.71
12～16	1.29	1.07	0.93	0.67
16～20	1.30	1.06	0.92	0.67
20～24	1.37	1.07	0.94	0.70
24～28	1.37	1.07	0.93	0.70
28～32	1.42	1.09	0.97	0.72
32～36	1.49	1.06	0.96	0.79
36～40	1.54	1.11	1.01	0.84
40～44	1.59	1.05	0.96	0.85
44～48	1.63	1.04	0.96	0.88
48～52	1.68	1.04	0.96	0.91
52～56	1.72	1.03	0.96	0.94
56～60	1.74	1.08	1.02	1.01
60～64	1.83	1.09	0.96	1.01
64～68	1.88	1.13	0.95	1.05
68～72	1.95	1.20	0.95	1.09
72～76	1.99	1.27	0.92	1.13
76～80	2.04	1.32	1.01	1.16
80～84	2.11	1.38	1.03	1.20
84～88	2.16	1.44	1.09	1.24
88～92	2.23	1.51	1.16	1.29
92～96	2.28	1.57	1.23	1.35
96～100	2.32	1.61	1.25	1.43
100～104	2.45	1.75	1.40	1.44
104～108	2.53	1.85	1.49	1.49
108～110.5	3.31	3.36	4.48	5.09

表 4.10　不同壁厚的 UHPC 不配筋塔筒主压应力分布

标高范围/m	UHPC－UHC120－150 主压应力/MPa	UHPC－UHC120－180 主压应力/MPa	UHPC－UHC120－200 主压应力/MPa	UHPC－UHC120－220 主压应力/MPa
0～4	46.35	38.87	34.56	31.60
4～8	39.00	33.20	30.20	27.81
8～12	38.67	33.21	30.41	28.10
12～16	39.13	33.57	30.73	28.37
16～20	39.60	33.97	31.09	28.68
20～24	40.13	34.41	31.48	29.05
24～28	40.58	34.79	31.83	29.37
28～32	41.20	35.30	32.28	29.78
32～36	41.82	35.82	32.75	30.20
36～40	42.48	36.37	33.25	30.65
40～44	43.13	36.93	33.75	31.11
44～48	43.65	37.37	34.15	31.48
48～52	44.44	38.02	34.74	32.02
52～56	45.24	38.68	35.34	32.57
56～60	46.06	39.39	35.99	33.16
60～64	46.93	40.13	36.65	33.78
64～68	47.68	40.77	37.18	34.28
68～72	49.02	41.85	38.20	35.16
72～76	49.85	42.54	38.83	35.77
76～80	50.80	43.45	39.69	36.58
80～84	52.10	44.55	40.68	37.49
84～88	53.30	45.56	41.59	38.29
88～92	54.70	46.76	42.70	39.33
92～96	56.26	48.10	45.23	40.45
96～100	57.85	49.51	46.81	41.68
100～104	59.86	51.23	48.54	43.14
104～108	62.05	53.12	51.29	44.75
108～110.5	77.89	67.34	57.81	49.09

4.3　正常使用工况验算与分析

正常使用工况下,预应力装配式混凝土塔筒及 UHPC 塔筒有限元模型基本信息与前述模型一致,仅仅将输入载荷由承载力极限工况改为了正常使用工况。基于正常使用工况考察配筋、混凝土材料、UHPC 等级及壁厚对塔筒主应力的影响。

4.3.1　配筋对塔筒主应力影响结果分析

为了研究配筋对混凝土塔筒的影响,分别对素混凝土塔筒和钢筋混凝土塔筒进行了有限元静力分析,得到正常使用工况下两种模型的主应力分布情况下,包括模型的最大主拉应力和最大主压应力云图,其中又包括带门洞的底段(代号 M01)、厚度一致的中间节段(代号 M02~M27)和厚度不均匀的顶段(代号 M28)。

1.钢筋混凝土塔筒和素混凝土塔筒底段主应力

正常使用工况下,普通钢筋混凝土塔筒和素混凝土塔筒底段的主拉应力云图和主压应力云图如图 4.30 和图 4.31 所示。

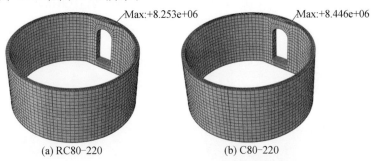

(a) RC80-220　　　　　　　　(b) C80-220

图 4.30　M01 段主拉应力云图

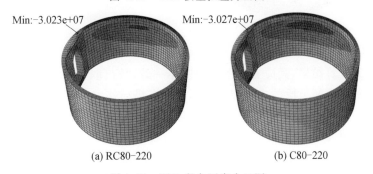

(a) RC80-220　　　　　　　　(b) C80-220

图 4.31　M01 段主压应力云图

根据有限元计算结果,对于塔筒底部开洞环段,塔筒门洞上方出现了应力集中,塔筒的主拉应力均出现在塔筒环片的门洞上方。普通钢筋混凝土底段开洞塔筒管片的最大主拉应力约为 8.25 MPa,而对于素混凝土底部开洞塔筒的最大主拉应力约为 8.45 MPa,说明配筋对塔筒底段门洞处的应力集中有一定改善,但作用影响不大,二者均超过混凝土的极限强度,应使用更高强度的 UHPC 材料进行局部替代加强;而普通钢筋混凝土底段开洞塔筒环片的最大主压应力为 30.23 MPa,素混凝土底部开洞塔筒的最大主压应力为 30.27 MPa。说明正常使用极限工况下,塔筒主要依靠混凝土受压,钢筋对塔筒底段的主压应力影响也不大。

2. 钢筋混凝土塔筒和素混凝土塔筒中间节段主应力

钢筋混凝土塔筒和素混凝土塔筒中间节段主应力云图如图 4.32 和图 4.33 所示。

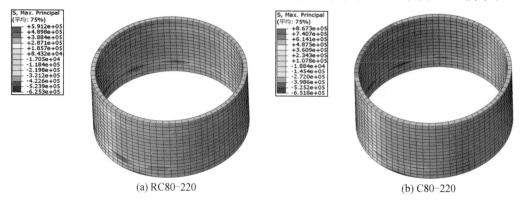

　　　　　(a) RC80-220　　　　　　　　　　　　　(b) C80-220

图 4.32　M02～M27 中间节段主拉应力云图(以 M02 为例)(彩图见附录)

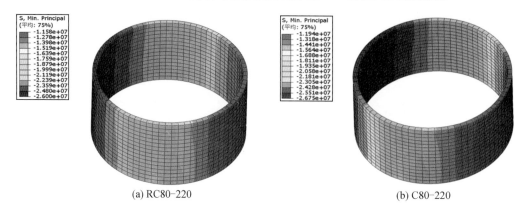

　　　　　(a) RC80-220　　　　　　　　　　　　　(b) C80-220

图 4.33　M02～M27 中间节段主压应力云图(以 M02 为例)(彩图见附录)

根据有限元计算结果,其应力云图趋势基本一致,故仅取 M02 环段为代表进行分析说明。塔筒的每个中间节段的主拉应力极值出现在塔筒接缝处,而塔筒的主压应力则出现在每一个环段的接缝处。对两类塔筒提取各标段的主应力数据如图 4.34 所示。

由统计的有限元结果数据可知,随着塔筒标高的不断升高,正常使用极限工况下素混凝土塔筒和普通钢筋混凝土塔筒的主压应力和主拉应力均呈现增大趋势;对于主拉应力,钢筋的存在有利于减小塔筒中间节段的主拉应力,平均降低约 0.12 MPa;对于主压应力,钢筋的存在有利于减小塔筒中间节段的主压应力,但是作用不大。素混凝土塔筒主压应力高于普通钢筋混凝土塔筒主压应力,平均高出 1.1 MPa;塔筒的最大主拉应力远小于破坏强度,最大主压应力未达到破坏强度。

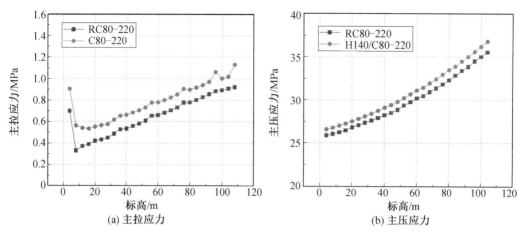

(a) 主拉应力　　　　　　　　　　　　(b) 主压应力

图 4.34　M02～M27 中间节段主应力分布

3. 钢筋混凝土塔筒和素混凝土塔筒顶段应力

钢筋混凝土塔筒和素混凝土塔筒顶段主应力云图如图 4.35 和图 4.36 所示。

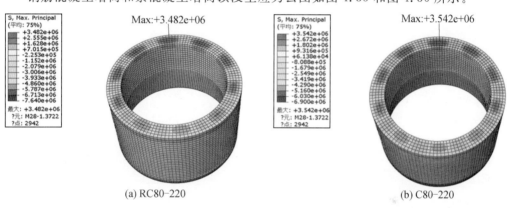

(a) RC80-220　　　　　　　　　　　(b) C80-220

图 4.35　M28 段主拉应力云图（彩图见附录）

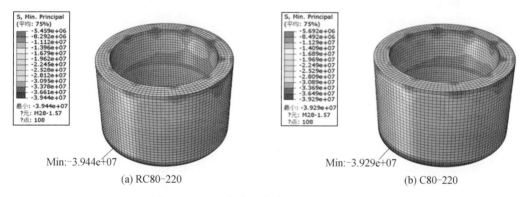

(a) RC80-220　　　　　　　　　　　(b) C80-220

图 4.36　M28 段主压应力云图（彩图见附录）

对于塔筒顶段，其构造、配筋均不同于中间节段塔筒，其上承钢质转接段，预应力筋端部锚固其上，容易出现应力集中现象，故其顶部壁厚较大。对于主拉应力而言，普通钢筋混凝土塔筒的最大主拉应力约为 3.48 MPa，素混凝土塔筒的最大主拉应力约为

3.54 MPa;而对于塔筒的主压应力,普通钢筋混凝土塔筒的最大主压应力为 39.44 MPa,素混凝土塔筒的最大主压应力为 39.29 MPa。正常使用极限工况下,钢筋混凝土塔筒顶段的主拉应力和主压应力与素混凝土塔筒的差别不大,但主拉应力均超过材料的抗拉强度,需要对应力集中进行 UHPC 材料替代处理。表 4.11 所示为两种塔筒的主应力分布数据。

表 4.11　RC80－220 和 C80－220 主应力分布

标高范围/m	C80－220 最大主拉应力 /MPa	RC80－220 最大主拉应力 /MPa	C80－220 最大主压应力 /MPa	RC80－220 最大主压应力 /MPa
0－4	8.45	8.25	30.27	30.23
4～8	0.91	0.70	26.58	25.87
8～12	0.56	0.33	26.76	26.03
12～16	0.54	0.37	27.00	26.24
16～20	0.53	0.39	27.23	26.45
20～24	0.55	0.42	27.51	26.80
24～28	0.57	0.43	27.80	27.04
28～32	0.58	0.45	28.10	27.33
32～36	0.62	0.49	28.40	27.61
36～40	0.65	0.53	28.75	27.92
40～44	0.66	0.54	29.11	28.24
44～48	0.68	0.56	29.42	28.52
48～52	0.71	0.58	29.79	28.85
52～56	0.73	0.61	30.22	29.37
56～60	0.78	0.65	30.67	29.77
60～64	0.78	0.66	31.12	30.18
64～68	0.80	0.68	31.45	30.48
68～72	0.83	0.71	31.94	30.93
72～76	0.85	0.73	32.43	31.37
76～80	0.91	0.78	32.95	31.84
80～84	0.90	0.78	33.49	32.32
84～88	0.92	0.80	33.90	32.85
88～92	0.94	0.83	34.49	33.39
92～96	0.97	0.86	35.02	33.86
96～100	1.06	0.89	35.63	34.51
100～104	1.00	0.89	36.22	35.05
104～108	1.02	0.91	36.82	35.58
108～110.5	3.54	3.48	39.29	39.44

　　根据以上对塔筒 M01~M28 段的分析,对于塔筒中间节段而言,塔筒配筋会减小塔筒中间节段的主拉应力而且减小幅度很大,但是塔筒中间节段的主拉应力远小于抗拉强度,而塔筒环段内配置普通钢筋虽然会减小塔筒的主压应力,但减小幅度很小,说明配筋已经不能满足塔筒继续向深空高空发展的强度要求;在正常使用极限工况下,对于素混凝土塔筒和钢筋混凝土塔筒的底段和顶段主应力均超过混凝土极限强度的情况,使用 UHPC 塔筒替代普通钢筋混凝土塔筒在材料方面具有一定的合理性。

4.3.2　UHPC 材料对塔筒主应力影响结果分析

　　经过 ABAQUS 有限元分析计算,首先查看该模型的最大主拉应力和最大主压应力云图,其中包括底层 M01 段、M02~M27 中间节段和 M28 段。

1. 塔筒底段主应力

　　如图 4.37 和图 4.38 所示为不同混凝土材料组成的塔筒底段主应力计算结果。

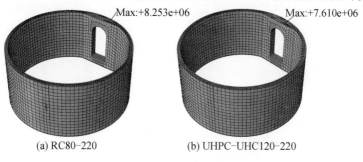

Max:+8.253e+06　　　　　Max:+7.610e+06

(a) RC80-220　　　　　(b) UHPC-UHC120-220

图 4.37　M01 段主拉应力云图

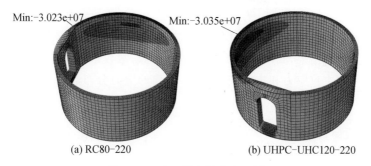

Min:-3.023e+07　　　　Min:-3.035e+07

(a) RC80-220　　　　　(b) UHPC-UHC120-220

图 4.38　M01 段主压应力云图

　　根据有限元计算结果,对于塔筒底部开洞环段,塔筒门洞上方出现了应力集中,塔筒的主拉应力均出现在塔筒环片的门洞上方。普通钢筋混凝土底段开洞塔筒管片的最大主拉应力约为 8.25 MPa,而对于 UHC120 底部开洞塔筒的最大主拉应力为 7.61 MPa,但是二者均超过混凝土的极限强度,应使用更高强度的 UHPC 材料进行局部替代加强;而普通钢筋混凝土底段开洞塔筒环片的最大主压应力为 30.23 MPa,UHC120 底部开洞塔筒的最大主压应力为 30.35 MPa。说明塔筒主要依靠混凝土受压,UHPC 材料对塔筒底段的主压应力影响也不大。

2. 塔筒中间节段主应力

不同混凝土材料的塔筒中间节段最大主拉应力和最大主压应力如图 4.39 和图 4.40 所示。

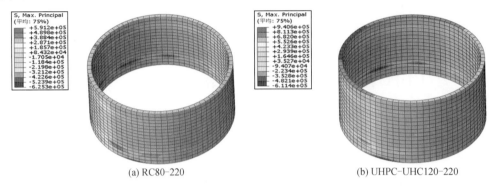

(a) RC80-220　　　　　　　　　　　　　　(b) UHPC-UHC120-220

图 4.39　M02～M27 中间节段主拉应力云图（以 M02 为例）（彩图见附录）

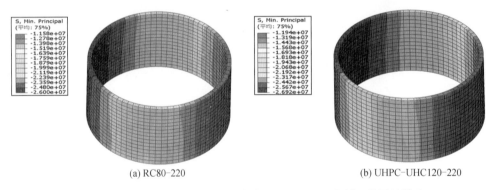

(a) RC80-220　　　　　　　　　　　　　　(b) UHPC-UHC120-220

图 4.40　M02～M27 中间节段主压应力云图（以 M02 为例）（彩图见附录）

根据有限元计算结果,其应力云图趋势基本一致,故仅取 M02 环段为代表进行分析说明。对于塔筒的主拉应力和主压应力,两类塔筒的应力分布趋势基本一致。对两类塔筒提取各标高处的主应力数据如图 4.41 所示。

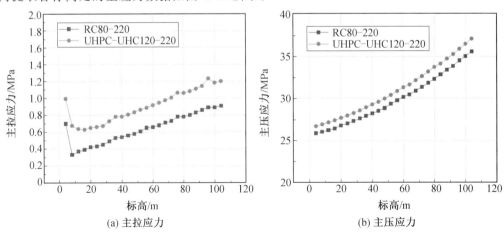

(a) 主拉应力　　　　　　　　　　　　　　(b) 主压应力

图 4.41　M02～M27 中间节段主应力分布

由有限元结果数据统计可知,随着塔筒标高的不断升高,UHPC 塔筒和普通钢筋混凝土塔筒均呈现增大趋势;UHPC 塔筒的主拉应力和主压应力均高于普通钢筋混凝土塔筒,主拉应力平均高出约 0.29 MPa,主压应力平均高出 1.1 MPa;但 UHPC 塔筒的主应力均未达到其破坏强度。

3. 塔筒顶段主应力

不同混凝土材料的塔筒顶部节段最大主拉应力和最大主压应力如图 4.42 和图 4.43 所示。

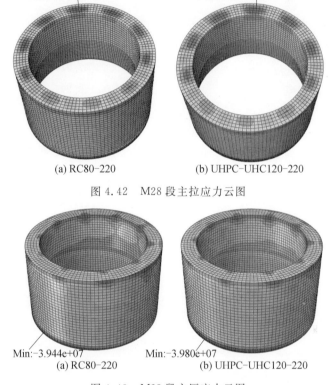

图 4.42　M28 段主拉应力云图

图 4.43　M28 段主压应力云图

对于塔筒 M28 段,其构造、配筋均不同于中间节段塔筒,其上承钢质转接段,预应力筋端部锚固其上,容易出现应力集中现象,故其顶部壁厚较大。对于主拉应力而言,普通钢筋混凝土塔筒的最大主拉应力约为 3.48 MPa,UHC120 塔筒的最大主拉应力约为 3.23 MPa;而对于塔筒的主压应力,普通钢筋混凝土塔筒的最大主压应力为 39.44 MPa,UHPC 塔筒的最大主压应力为 39.80 MPa。UHPC 塔筒的主压应力均略大于普通钢筋混凝土。但是二者相差不大,普通钢筋混凝土已经达到抗拉破坏强度,需要使用更高强度的 UHPC 材料进行代替。

综上,UHPC 不配筋塔筒和钢筋混凝土塔筒在各个塔筒环段的最大主拉应力和主压应力分布如表 4.12 所示。

表 4.12 UHPC 塔筒和钢筋混凝土塔筒主应力分布

标高范围/m	UHPC－UHC 120－220 最大主拉应力/MPa	RC80－220 最大主拉应力/MPa	UHPC－UHC 120－220 最大主压应力/MPa	RC80－220 最大主压应力/MPa
0～4	7.61	8.25	30.35	30.23
4～8	1.00	0.70	26.71	25.87
8～12	0.68	0.33	26.93	26.03
12～16	0.64	0.37	27.17	26.24
16～20	0.63	0.39	27.41	26.45
20～24	0.65	0.42	27.69	26.80
24～28	0.66	0.43	27.97	27.04
28～32	0.67	0.45	28.27	27.33
32～36	0.73	0.49	28.58	27.61
36～40	0.78	0.53	28.94	27.92
40～44	0.78	0.54	29.29	28.24
44～48	0.81	0.56	29.60	28.52
48～52	0.84	0.58	29.98	28.85
52～56	0.86	0.61	30.41	29.37
56～60	0.89	0.65	30.87	29.77
60～64	0.92	0.66	31.32	30.18
64～68	0.95	0.68	31.65	30.48
68～72	0.98	0.71	32.15	30.93
72～76	1.01	0.73	32.65	31.37
76～80	1.07	0.78	33.18	31.84
80～84	1.06	0.78	33.73	32.32
84～88	1.08	0.80	34.13	32.85
88～92	1.11	0.83	34.74	33.39
92～96	1.15	0.86	35.28	33.86
96～100	1.23	0.89	35.90	34.51
100～104	1.18	0.89	36.50	35.05
104～108	1.20	0.91	37.11	35.58
108～110.5	3.23	3.48	39.80	39.44

根据以上对塔筒 M01～M28 段的分析,使用不配筋的 UHPC 塔筒替代普通钢筋混凝土塔筒,只是略微增大塔筒的主压应力,对于塔筒中间节段主拉应力增大的较多,但是

均在 UHPC 抗拉强度范围内,对于底段和顶段拉应力超过混凝土极限强度的情况,局部使用更高强度 UHPC 材料进行替代即可。因此,使用 UHPC 不配筋塔筒替代普通钢筋混凝土塔筒在材料方面具有一定的合理性。

4.3.3　UHPC 强度等级对塔筒主应力影响结果分析

分别进行了 UHC120、UHC140、UHC160、UHC180(均未配筋)塔筒的有限元计算。以下是三种塔筒的主应力分析结果,分别包括底部开洞 M01 段、M02~M27 中间节段和顶部 M28 段。

1.塔筒底段主应力

不同 UHPC 等级的塔筒底段的主拉应力云图和主压应力云图如图 4.44 和图 4.45 所示。

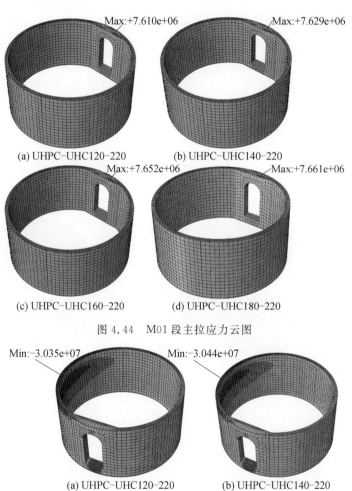

(a) UHPC-UHC120-220　　　(b) UHPC-UHC140-220

(c) UHPC-UHC160-220　　　(d) UHPC-UHC180-220

图 4.44　M01 段主拉应力云图

(a) UHPC-UHC120-220　　　(b) UHPC-UHC140-220

图 4.45　M01 段主压应力云图

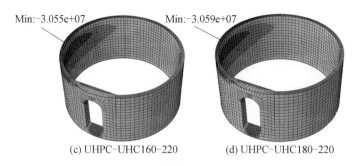

(c) UHPC-UHC160-220　　　　(d) UHPC-UHC180-220

续图 4.45

由有限元计算结果可知,对于塔筒开洞底段(M01)的最大主拉应力,使用 UHC120 时的最大主拉应力为 7.61 MPa,使用 UHC140 时的最大主拉应力约为 7.63 MPa,使用 UHC160 时的最大主拉应力约为 7.65 MPa,使用 UHC180 时的最大主拉应力约为 7.66 MPa,由此可见,随着 UHPC 等级的提高,塔筒的最大主拉应力也随之增大,但是增幅很小,而且均出现在门洞上方,属于应力集中现象;使用 UHC120 时的最大主压应力为 30.35 MPa,使用 UHC140 时的最大主压应力为 30.44 MPa,使用 UHC160 时的最大主压应力为 30.55 MPa,使用 UHC180 时的最大主压应力为 30.59 MPa,由此可见,随着 UHPC 等级的提高,塔筒的最大主压应力也随之增大,但是增幅很小,均小于 UHPC 的抗压强度值。

2. 塔筒中间节段主应力

不同 UHPC 等级的塔筒中间节段的主拉应力云图和主压应力云图如图 4.46 和图 4.47 所示。

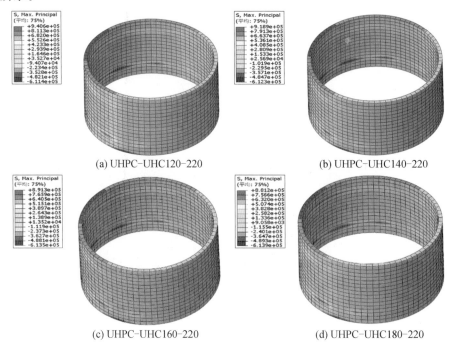

(a) UHPC-UHC120-220　　　　(b) UHPC-UHC140-220

(c) UHPC-UHC160-220　　　　(d) UHPC-UHC180-220

图 4.46　M02～M27 中间节段主拉应力云图(以 M02 为例)(彩图见附录)

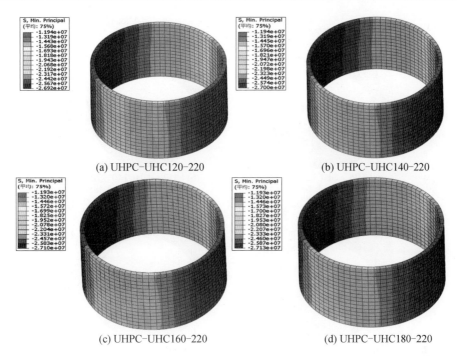

图 4.47　M02～M27 中间节段主压应力云图(以 M02 为例)(彩图见附录)

由图可知,不同等级 UHPC 塔筒环段的最大主应力均出现在塔筒的接缝处附近。不同等级 UHPC 塔筒中间节段主应力的分布情况如图 4.48 所示。

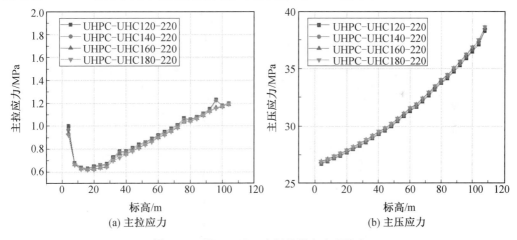

图 4.48　M02～M27 中间节段主应力分布

根据不同等级 UHPC 塔筒的主应力结果可知,不同等级的 UHPC 塔筒主拉应力和主压应力都随着塔筒高度逐渐增加;不同等级的 UHPC 塔筒主拉应力和主压应力差别不大。

3. 塔筒顶段主应力

不同 UHPC 等级的塔筒顶段的主拉应力云图和主压应力云图如图 4.49 和图 4.50 所示。

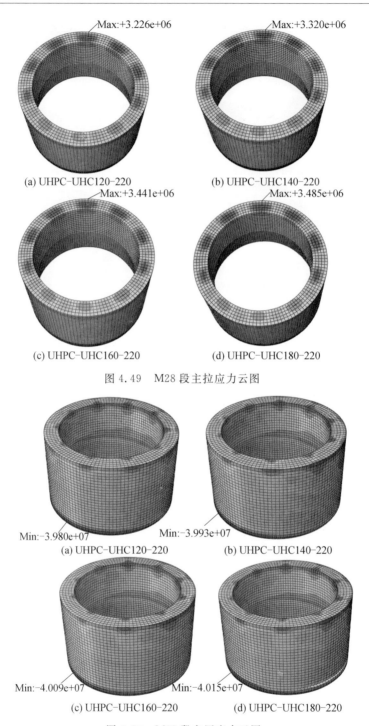

Max:+3.226e+06   Max:+3.320e+06

(a) UHPC–UHC120–220   (b) UHPC–UHC140–220

Max:+3.441e+06   Max:+3.485e+06

(c) UHPC–UHC160–220   (d) UHPC–UHC180–220

图 4.49　M28 段主拉应力云图

Min:−3.980e+07   Min:−3.993e+07

(a) UHPC–UHC120–220   (b) UHPC–UHC140–220

Min:−4.009e+07   Min:−4.015e+07

(c) UHPC–UHC160–220   (d) UHPC–UHC180–220

图 4.50　M28 段主压应力云图

由有限元计算结果可知,对于塔筒顶段(M28)的最大主拉应力,使用 UHPC120 时的最大主拉应力约为 3.23 MPa,使用 UHPC140 时的最大主拉应力为 3.32 MPa,使用 UHPC160 时的最大主拉应力约为 3.44 MPa,使用 UHPC180 时的最大主拉应力约为

3.49 MPa,由此可见,随着 UHPC 等级的提高,塔筒的最大主拉应力也随之增大,但是增幅很小;使用 UHPC120 时的最大主压应力为 39.80 MPa,使用 UHPC140 时的最大主压应力为 39.93 MPa,使用 UHPC160 时的最大主压应力为 40.09MPa,使用 UHPC180 时的最大主压应力为 40.15 MPa,随着 UHPC 等级的提高,塔筒的最大主压应力也随之增大,但是增幅很小。

　　综上,UHPC 不配筋塔筒和钢筋混凝土塔筒在各个塔筒环段的最大主拉应力和主压应力分布如表 4.13 和表 4.14 所示。

表 4.13　不同等级的 UHPC 不配筋塔筒主拉应力分布

标高范围/m	UHPC-UHC 120-220 主拉应力/MPa	UHPC-UHC 140-220 主拉应力/MPa	UHPC-UHC 160-220 主拉应力/MPa	UHPC-UHC 180-220 主拉应力/MPa
0~4	7.61	7.63	7.65	7.66
4~8	1.00	0.97	0.94	0.92
8~12	0.68	0.67	0.66	0.66
12~16	0.64	0.63	0.63	0.63
16~20	0.63	0.63	0.62	0.62
20~24	0.65	0.64	0.63	0.62
24~28	0.66	0.66	0.64	0.64
28~32	0.67	0.66	0.65	0.64
32~36	0.73	0.72	0.70	0.70
36~40	0.78	0.77	0.76	0.72
40~44	0.78	0.77	0.76	0.75
44~48	0.81	0.80	0.79	0.78
48~52	0.84	0.83	0.81	0.81
52~56	0.86	0.85	0.84	0.84
56~60	0.89	0.88	0.87	0.86
60~64	0.92	0.91	0.90	0.90
64~68	0.95	0.94	0.93	0.92
68~72	0.98	0.97	0.96	0.95
72~76	1.01	1.00	0.99	0.98
76~80	1.07	1.06	1.04	1.04
80~84	1.06	1.05	1.04	1.04
84~88	1.08	1.08	1.07	1.07
88~92	1.11	1.11	1.09	1.09
92~96	1.15	1.14	1.13	1.13
96~100	1.23	1.22	1.16	1.16
100~104	1.18	1.18	1.17	1.17
104~108	1.20	1.20	1.19	1.19
108~110.5	3.23	3.32	3.44	3.49

表 4.14 不同等级的 UHPC 不配筋塔筒主压应力分布

标高范围/m	UHPC-UHC 120-220 主压应力/MPa	UHPC-UHC 140-220 主压应力/MPa	UHPC-UHC 160-220 主压应力/MPa	UHPC-UHC 180-220 主压应力/MPa
0~4	30.35	30.44	30.55	30.59
4~8	26.71	26.82	26.91	26.93
8~12	26.93	27.01	27.11	27.15
12~16	27.17	27.25	27.35	27.39
16~20	27.41	27.49	27.59	27.63
20~24	27.69	27.77	27.87	27.91
24~28	27.97	28.05	28.16	28.20
28~32	28.27	28.36	28.46	28.50
32~36	28.58	28.67	28.77	28.81
36~40	28.94	29.02	29.13	29.17
40~44	29.29	29.38	29.49	29.53
44~48	29.60	29.69	29.81	29.85
48~52	29.98	30.07	30.18	30.23
52~56	30.41	30.50	30.62	30.66
56~60	30.87	30.96	31.08	31.12
60~64	31.32	31.42	31.53	31.58
64~68	31.65	31.75	31.88	31.92
68~72	32.15	32.24	32.38	32.43
72~76	32.65	32.75	32.88	32.93
76~80	33.18	33.29	33.42	33.47
80~84	33.73	33.83	33.97	34.02
84~88	34.13	34.25	34.39	34.45
88~92	34.74	34.86	35.01	35.06
92~96	35.28	35.41	35.56	35.62
96~100	35.90	36.03	36.19	36.25
100~104	36.50	36.64	36.80	36.87
104~108	37.11	37.25	37.42	37.49
108~110.5	39.80	39.93	40.09	40.15

综上所述,UHPC 等级对塔筒的主应力影响不大,主拉应力和主压应力数值大小影响均在 1% 之内。建议对塔筒使用 UHPC 及其种类如表 4.15 所示。

表 4.15　塔筒不同部位建议使用 UHPC 等级表

项目	UHPC 抗压强度等级	UHPC 抗拉强度等级
塔筒底段	UHC120	UHT10
塔筒中间节段	UHC120	UHT05
塔筒顶段	UHC140	UHT10

4.3.4　UHPC 节段壁厚对塔筒主应力的影响

由前两节分析可知,塔筒顶段和底段都存在不同程度的应力集中,有的甚至超过材料的极限强度,但对于塔筒中间节段,其主应力相对较小,故仅仅改变塔筒中间节段的壁厚,而对塔筒底段和中间节段不做改动。分别建立了不同塔筒壁厚的塔筒整体有限元模型,以 UHPC120 塔筒材料为例,由于塔筒中预应力筋和塔筒管片竖缝插筋的构造需要,塔筒最小壁厚取 150 mm,故塔筒以壁厚为 220 mm、200 mm、180 mm、150 mm 四种参数为自变量进行塔筒弹性有限元静力分析。以下是四种塔筒的主应力分析结果,分别包括底部开洞 M01 段、M02～M27 中间节段和顶部 M28 段。

1. 塔筒底段主应力

具有不同中间节段壁厚的塔筒底段的主拉应力云图和主压应力云图如图 4.51 和图 4.52 所示。

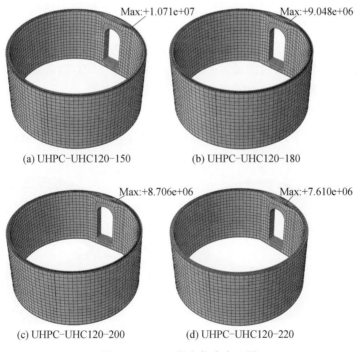

Max:+1.071e+07　　　　　　　　Max:+9.048e+06

(a) UHPC–UHC120–150　　　　　(b) UHPC–UHC120–180

Max:+8.706e+06　　　　　　　　Max:+7.610e+06

(c) UHPC–UHC120–200　　　　　(d) UHPC–UHC120–220

图 4.51　M01 段主拉应力云图

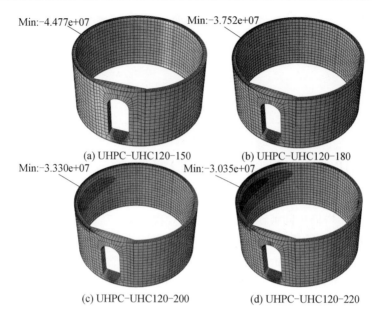

图 4.52 M01 段主压应力云图

由有限元计算结果可知,对于塔筒开洞底段(M01)的最大主拉应力,壁厚为 150 mm 时的最大主拉应力为 10.71 MPa,壁厚为 180 mm 时的最大主拉应力约为 9.05 MPa,壁厚为 200 mm 时的最大主拉应力约为 8.71 MPa,壁厚为 220 mm 时的最大主拉应力为 7.61 MPa,由此可见,随着塔筒壁厚的减小,塔筒的最大主拉应力也随之增大,而且均出现在门洞上方,属于应力集中现象;壁厚为 150 mm 时的最大主压应力为 44.77 MPa,壁厚为 180 mm 时的最大主压应力为 37.52 MPa,壁厚为 200 mm 时的最大主压应力为 33.30 MPa,壁厚为 220 mm 时的最大主压应力为 30.35 MPa,随着塔筒壁厚的减小,塔筒的最大主压应力也随之增大,均小于 UHPC 的抗压强度值。

2. 塔筒中间节段主应力

正常使用极限工况下,不同壁厚的塔筒中间节段的主拉应力云图和主压应力云图如图 4.53 和图 4.54 所示。

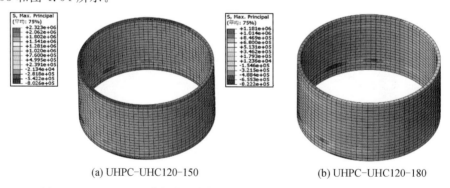

图 4.53 M02~M27 中间节段主拉应力云图(以 M02 为例)(彩图见附录)

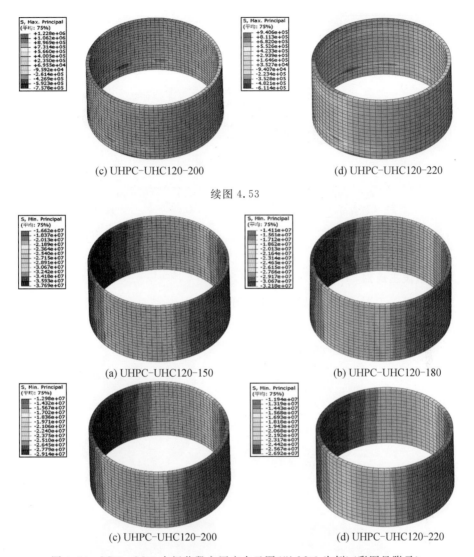

(c) UHPC-UHC120-200　　　　　　　　(d) UHPC-UHC120-220

续图 4.53

(a) UHPC-UHC120-150　　　　　　　　(b) UHPC-UHC120-180

(c) UHPC-UHC120-200　　　　　　　　(d) UHPC-UHC120-220

图 4.54　M02～M27 中间节段主压应力云图（以 M02 为例）（彩图见附录）

不同壁厚塔筒标准环段的主应力沿塔筒高度分布情况如图 4.55 所示。

根据不同塔筒壁厚的中间节段主应力结果可知，随着塔筒壁厚的减小，塔筒中间节段主拉应力和主压应力均逐渐增大，在 150～220 mm 壁厚范围内，塔筒的主拉应力均小于 UHPC120 的抗拉强度。但 150 mm 壁厚的塔筒部分中间节段的主压应力超过 UHPC120 的极限抗压强度。相对于主拉应力，壁厚对于塔筒中间节段的主压应力影响更大。

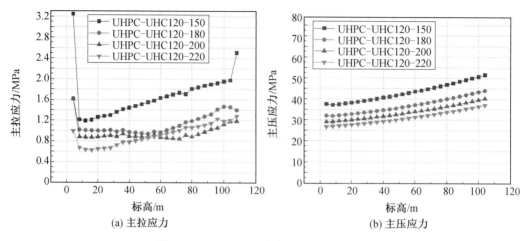

(a) 主拉应力　　　　　　　　　　(b) 主压应力

图 4.55　M02～M27 中间节段主应力分布

3. 塔筒顶段主应力

正常使用极限工况下,不同壁厚的塔筒顶段的主拉应力云图和主压应力云图如图4.56和图 4.57 所示。

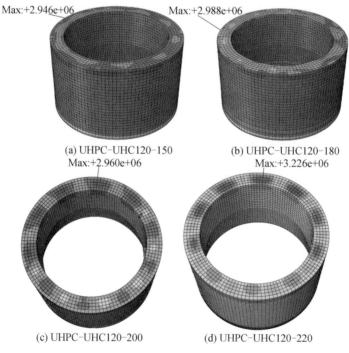

图 4.56　M28 顶段主拉应力云图

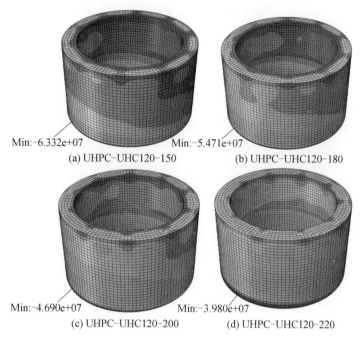

Min:−6.332e+07　　　　　　　Min:−5.471e+07
(a) UHPC-UHC120−150　　　　　(b) UHPC-UHC120−180

Min:−4.690e+07　　　　　　　Min:−3.980e+07
(c) UHPC-UHC120−200　　　　　(d) UHPC-UHC120−220

图 4.57　M28 顶段主压应力云图

由有限元计算结果可知,对于塔筒顶段(M28)的最大主拉应力,壁厚为 150 mm 时的最大主拉应力约为 2.95 MPa,壁厚为 180 mm 时的最大主拉应力约为 2.99 MPa,壁厚为 200 mm 时的最大主拉应力为 2.96 MPa,壁厚为 220 mm 时的最大主拉应力约为 3.23 MPa,由此可见,随着塔筒壁厚的减小,塔筒的最大主拉应力也随之减小。从应力云图结果来看,在壁厚减小的过程中,塔筒顶段主拉应力分布越来越均匀,应力集中现象有所减弱。壁厚为 150 mm 时的最大主压应力为 63.32 MPa,壁厚为 180 mm 时的最大主压应力为 54.71 MPa,壁厚为 200 mm 时的最大主压应力为 46.90 MPa,壁厚为 220 mm 时的最大主压应力为 39.80 MPa,随着塔筒壁厚的减小,塔筒的最大主压应力随之增大,而且均出现在塔筒受压侧底部。

引起这种情况的原因主要考虑预应力筋锚固位置的变化。由于塔筒壁厚的减小,导致预应力筋锚固位置向塔筒外壁逐渐移动,进而引起塔筒内部的应力分布改变。由此可见,预应力筋的锚固位置在向塔筒外壁移动过程中有助于改善 UHPC 塔筒顶段锚固区的应力集中现象。

综上,不同壁厚 UHPC 不配筋塔筒在各个塔筒环段的最大主拉应力和主压应力分布如表 4.16 和表 4.17 所示。

表 4.16　不同壁厚的 UHPC 不配筋塔筒主拉应力分布

标高范围/m	UHPC−UHC 120−150 主拉应力/MPa	UHPC−UHC 120−180 主拉应力/MPa	UHPC−UHC 120−200 主拉应力/MPa	UHPC−UHC 120−220 主拉应力/MPa
0～4	10.71	9.05	8.71	7.61
4～8	3.24	1.62	1.61	1.00
8～12	1.22	1.02	0.88	0.68
12～16	1.19	1.01	0.88	0.64
16～20	1.21	1.00	0.87	0.63
20～24	1.27	1.00	0.88	0.65
24～28	1.29	1.01	0.89	0.66
28～32	1.30	1.01	0.91	0.67
32～36	1.36	0.99	0.89	0.73
36～40	1.42	1.01	0.94	0.78
40～44	1.45	0.97	0.89	0.78
44～48	1.48	0.96	0.89	0.81
48～52	1.51	0.95	0.89	0.84
52～56	1.55	0.94	0.88	0.86
56～60	1.58	0.98	0.93	0.89
60～64	1.63	0.97	0.87	0.92
64～68	1.66	1.01	0.86	0.95
68～72	1.70	1.05	0.85	0.98
72～76	1.73	1.10	0.84	1.01
76～80	1.71	1.17	0.92	1.07
80～84	1.81	1.19	0.89	1.06
84～88	1.84	1.23	0.93	1.08
88～92	1.87	1.28	0.98	1.11
92～96	1.89	1.32	1.03	1.15
96～100	1.92	1.42	1.06	1.23
100～104	1.95	1.47	1.13	1.18
104～108	1.97	1.46	1.17	1.20
108～110.5	2.95	2.99	2.96	3.23

表 4.17　不同壁厚的 UHPC 不配筋塔筒主压应力分布

标高范围/m	UHPC－UHC 120－150 主压应力/MPa	UHPC－UHC 120－180 主压应力/MPa	UHPC－UHC 120－200 主压应力/MPa	UHPC－UHC 120－220 主压应力/MPa
0～4	44.77	37.52	33.30	30.35
4～8	37.61	32.06	29.05	26.71
8～12	37.15	31.90	29.15	26.93
12～16	37.54	32.21	29.43	27.17
16～20	37.90	32.49	29.71	27.41
20～24	38.31	32.83	30.01	27.69
24～28	38.70	33.20	30.32	27.97
28～32	39.16	33.57	30.66	28.27
32～36	39.62	33.94	31.01	28.58
36～40	40.13	34.36	31.40	28.94
40～44	40.71	34.79	31.79	29.29
44～48	41.14	35.21	32.12	29.60
48～52	41.69	35.64	32.54	29.98
52～56	42.31	36.15	33.02	30.41
56～60	42.95	36.67	33.52	30.87
60～64	43.59	37.22	34.01	31.32
64～68	44.09	37.70	34.38	31.65
68～72	44.78	38.26	34.92	32.15
72～76	45.49	38.85	35.46	32.65
76～80	46.16	39.43	36.02	33.18
80～84	46.92	40.08	36.60	33.73
84～88	47.56	40.65	37.09	34.13
88～92	48.36	41.32	37.72	34.74
92～96	49.11	41.97	38.32	35.28
96～100	49.89	42.66	38.97	35.90
100～104	50.71	43.37	39.62	36.50
104～108	51.53	44.06	40.27	37.11
108～110.5	63.32	54.71	46.90	39.80

4.4 结构性能影响规律

4.4.1 承载力极限工况性能

本节通过混凝土结构计算原理和相关规范对 UHPC 塔筒和带有扶壁墙的新型塔筒进行受弯承载力计算表达式推导,给出了工程计算方法。建立了塔筒有限元模型,通过有限元静力分析给出了 UHPC 塔筒在实际工程运用中材料强度方面的可行性研究,通过对比素混凝土塔筒、普通钢筋混凝土塔筒、UHC120 不配筋塔筒、UHC140 不配筋塔筒、UHC160 不配筋塔筒和 UHC160 不配筋塔筒以及不同中间节段壁厚的 UHC120 不配筋塔筒在极限载荷工况下的主应力,得出以下规律:

(1)通过对塔筒的静力分析,发现塔筒底段门洞开洞处和塔筒顶段预应力筋锚固端均会出现不同程度的应力集中,而且已经超过塔筒材料的强度,给塔筒局部使用 UHPC 材料替代提供了可能。

(2)对于普通钢筋混凝土塔筒,配筋主要作用是降低塔筒中间节段的主拉应力,对主压应力影响不大。说明塔筒主要靠混凝土受压,普通钢筋对于塔筒的主压应力减小贡献不大。

(3)使用 UHPC 不配筋塔筒会很大程度上增大塔筒的主拉应力,平均增大约 0.28 MPa,增幅为 25%～100%,对于主压应力的增大较少,约 0.6 MPa,增幅较小,约 3%。

(4)随着 UHPC 等级的提高,塔筒主应力会略微增大,说明不同等级的 UHPC 不配筋塔筒对塔筒主应力影响不大。

(5)对于超高性能混凝土塔筒,中间节段壁厚的减小会引起塔筒底段、中间节段、顶段应力极值的改变以及应力的分布情况。随着壁厚的减小,塔筒底段门洞处的应力集中处的最大主应力增大,塔筒中间节段的主拉应力和主压应力也增大,但是中间节段的主压应力先达到抗压强度发生破坏。即相对于主拉应力,壁厚的改变对于塔筒中间节段的主压应力影响较大。壁厚的减小引起顶段预应力筋锚固位置向外壁逐渐靠近,从而改善了顶段预应力端部锚固区的应力集中现象。

4.4.2 正常使用极限工况性能

通过 ABAQUS 软件建立了塔筒有限元模型,通过有限元静力分析给出了 UHPC 塔筒在实际工程正常使用工况下材料强度方面的可行性研究,通过对比素混凝土塔筒、普通钢筋混凝土塔筒、UHC120 不配筋塔筒、UHC140 不配筋塔筒、UHC160 不配筋塔筒和 UHC160 不配筋塔筒以及不同中间节段壁厚的 UHC120 不配筋塔筒在正常使用工况下的主应力,得出以下规律:

(1)通过对塔筒的静力分析,发现正常使用工况下塔筒的应力分布规律与极限载荷工况下的规律基本一致。即塔筒底段门洞开洞处和塔筒顶段预应力筋锚固端均会出现不同程度的应力集中;塔筒主要靠混凝土受压,普通钢筋对于塔筒的主压应力减小贡献不大;

随着 UHPC 等级的提高,塔筒主应力会略微增大;壁厚的减小引起顶段预应力筋锚固位置向外壁逐渐靠近,从而改善了顶段预应力端部锚固区的应力集中现象。

(2)正常使用极限工况下,使用 UHPC 不配筋塔筒会很大程度上增大塔筒的主拉应力,平均提高约 0.25 MPa,增幅较大;对于主压应力的增大较少,约 1.0 MPa,增幅较小。

(3)正常使用工况下塔筒中间节段的主拉应力差别较大,而中间节段的主压应力、底段的主应力和顶段的主应力极值差别不大。

(4)无论是正常使用工况还是极限载荷工况,塔筒材料总是率先达到抗压强度,即塔筒的材料破坏由主压应力控制。

第5章 混凝土塔筒顶部转接段结构性能分析与优化

混凝土塔筒顶段作为预应力钢混风电塔架中连接上部钢质转接段塔筒和下部钢筋混凝土塔筒标准段的转接节段,由于预应力锚固、与钢质转接段螺栓连接等构造需要,混凝土转接段尺寸一般需要特殊处理,其配筋量也较一般节段大,其结构性能对塔架的正常工作具有关键作用。现有工程中转接段多采用高强混凝土的钢筋混凝土塔筒形式,但是配筋复杂。本章以 4.8 MW 风机 H160 钢混风电塔架为工程案例背景,引入混凝土塑性损伤模型,利用 ABAQUS 软件平台分别建立 C80 级普通高强钢筋混凝土塔筒和无筋 UHPC120 塔筒的转接段精细化有限元模型,对两者在承载能力极限状态、正常使用极限状态以及永久载荷工况下的受力性能进行对比分析,并比较分析了两者的塑性损伤趋势。在此基础上,对无筋 UHPC120 塔筒转接段进行截面尺寸优化,提出了新型 UHPC 塔筒转接段。

5.1 塔筒顶部转接段性能分析

5.1.1 基本信息

图 5.1(a)为 H160 预应力钢混风电塔筒案例,设计轮毂高度 160 m,下部 110.5 m 高为混凝土塔筒,上部为钢塔筒。混凝土区段共有 28 节段,其中第 1～27 节段高度为 4 m,第 28 节段高度为 2.5 m。塔筒外径自下而上均匀减小,其中第 2～27 节段壁厚均为 220 mm,第 28 层节段外径为 4 300 mm,壁厚从 300 mm 至 460 mm 变化。第 1～23 节段塔筒由两个预制 C 形管片装配组成,施工现场通过钢筋灌浆连接。第 24 节段以上为整体预制环形塔筒。在第 28 节段即混凝土转接段的顶部安装钢质转接段,混凝土塔筒和钢质转接段通过钢结构法兰盘连接,钢塔筒和钢质转接段通过法兰盘连接。

混凝土转接段作为连接上部钢质塔筒和下部钢筋混凝土塔筒的转换传力结构,其结构性能对风电塔筒整体结构的正常工作具有关键作用。混凝土转接段及其比邻区域结构组成结构如图 5.1(b)所示,其主要由顶层 M28 段、钢质塔筒、底部法兰盘构成,其中底部法兰盘与钢质塔筒焊接形成受力整体,底部法兰盘与 M28 混凝土塔筒通过高强螺栓连接,预应力钢绞线贯穿混凝土塔筒内部,并在法兰盘顶部锚固。转接段普通钢筋混凝土塔筒中配置了大量的受力钢筋和构造钢筋,根据钢筋的受力形式和构造要求,分为水平环向分布筋、竖向分布筋、孔道加强钢筋、拉筋和竖向箍筋,其中水平环向分布筋、竖向分布筋、孔道加强钢筋为主要的受力钢筋,拉筋和竖向箍筋为构造钢筋。

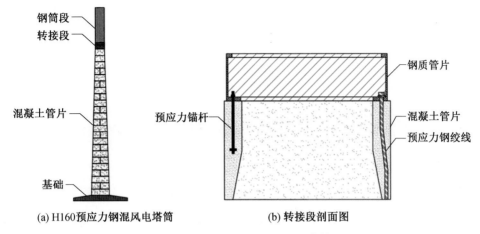

(a) H160预应力钢混风电塔筒　　　　　　　　(b) 转接段剖面图

图 5.1　H160 预应力钢混风电塔筒

5.1.2　材料模型

1. 材料参数

转接段涉及的各部分材料参数如表 5.1 所示。

表 5.1　转接段材料参数

部件	材料	弹性模量 /MPa	泊松比	密度 /(kg·m⁻³)	屈服强度 /MPa	膨胀系数 /℃⁻¹
塔筒管片	C80	3.8×10^4	0.2	2 400	—	—
	UHC140	4.6×10^4	0.2	2 400	—	—
普通钢筋	HRB400	2.0×10^5	0.3	7 900	360	—
预应力钢绞线	1860 级 15.2 mm	1.95×10^5	0.3	7 900	1 320	1.2×10^{-5}
钢质管片法兰盘	Q355NE	2.0×10^5	0.3	7 900	325	—
锚杆	10.9M56	2.0×10^5	0.3	7 900	900	1.2×10^{-5}

2. 材料塑性损伤模型

UHC140 本构模型选用的受压和受拉本构模型,如图 5.2 所示。图中 σ_{uc} 为 UHPC 受压应力;f_{uc} 为 UHPC 棱柱体抗压强度;σ_{ut} 为 UHPC 受拉应力;f_{ut} 为 UHPC 抗拉强度; $x=\varepsilon/\varepsilon_0$ 为 UHPC 峰值拉/压应变,此处选用试验值,其中 $f_{uc}=123.8$ MPa;$\sigma_{ut}=$ 7.27 MPa;UHPC 峰值压应变和拉应变分别为 3 309 $\mu\varepsilon$ 和 1 500 $\mu\varepsilon$。

在弹性阶段,忽略材料损伤。当应力超过弹性极限进入硬化阶段后,此时材料会逐渐产生损伤,而损伤最直观地体现在材料刚度的下降,因此卸载刚度会比初始刚度降低很多。损伤因子采用能量等价原理的推导公式进行计算,如下:

$$d=1-\sqrt{\frac{\sigma}{E_0\varepsilon}} \tag{5.1}$$

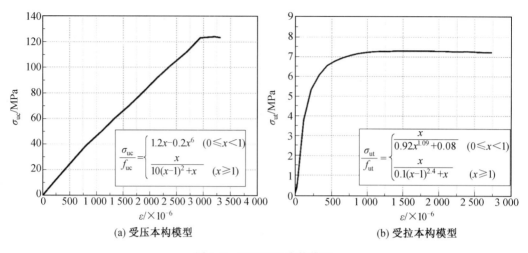

(a) 受压本构模型　　　　　　　　　(b) 受拉本构模型

图 5.2　UHC120 本构模型

式中　d——损伤因子；

　　　σ——混凝土应力；

　　　ε——混凝土应变。

UHC140 和 C80 混凝土材料的塑性损伤模型参数计算如表 5.2 和表 5.3 所示。

表 5.2　UHC140 拉压损伤因子

受压			受拉		
σ/MPa	损伤因子	非弹性应变	σ/MPa	损伤因子	非弹性应变
123.8	0	0	7.27	0	0
124.73	0.098	6.14×10^{-4}	7.18	0.385	2.56×10^{-4}
121.83	0.13	8.42×10^{-4}	6.92	0.477	4.00×10^{-4}
114.34	0.176	1.17×10^{-3}	6.57	0.545	5.46×10^{-4}
104.33	0.23	1.55×10^{-3}	6.18	0.597	6.92×10^{-4}
93.55	0.287	1.95×10^{-3}	5.78	0.639	8.39×10^{-4}
83.15	0.341	2.34×10^{-3}	5.39	0.674	9.86×10^{-4}
73.71	0.392	2.71×10^{-3}	5.02	0.703	1.13×10^{-3}
65.40	0.438	3.05×10^{-3}	4.67	0.729	1.28×10^{-3}
58.21	0.479	3.37×10^{-3}	4.35	0.750	1.42×10^{-3}
52.04	0.516	3.67×10^{-3}	4.05	0.770	1.57×10^{-3}
46.78	0.549	3.95×10^{-3}	3.79	0.786	1.71×10^{-3}
42.25	0.578	4.22×10^{-3}	3.54	0.800	1.85×10^{-3}
38.38	0.604	4.47×10^{-3}	3.32	0.813	2.00×10^{-3}
35.02	0.628	4.70×10^{-3}	3.11	0.825	2.14×10^{-3}
32.13	0.649	4.93×10^{-3}	2.93	0.835	2.28×10^{-3}

续表 5.2

受压			受拉		
σ/MPa	损伤因子	非弹性应变	σ/MPa	损伤因子	非弹性应变
29.59	0.668	5.15×10^{-3}	2.76	0.844	2.42×10^{-3}
27.38	0.685	5.36×10^{-3}	2.61	0.853	2.56×10^{-3}
25.43	0.700	5.57×10^{-3}	2.46	0.861	2.71×10^{-3}
23.70	0.715	5.78×10^{-3}	2.33	0.868	2.85×10^{-3}
22.16	0.728	5.97×10^{-3}	2.21	0.874	2.99×10^{-3}
20.79	0.739	6.17×10^{-3}	2.10	0.880	3.13×10^{-3}

表 5.3　C80 混凝土损伤因子

受压			受拉		
σ/MPa	损伤因子	非弹性应变	σ/MPa	损伤因子	非弹性应变
31.6	0.000 0	0.00	3.53	0	0.00
38.1	0.019 0	3.91×10^{-5}	2.92	0.170	3.47×10^{-5}
39.6	0.022 3	4.82×10^{-5}	2.23	0.328	7.15×10^{-5}
42.0	0.028 8	6.65×10^{-5}	1.75	0.443	1.03×10^{-4}
46.3	0.045 1	1.18×10^{-4}	1.42	0.526	1.30×10^{-4}
53.4	0.122 4	4.19×10^{-4}	1.20	0.587	1.54×10^{-4}
53.7	0.149 9	5.43×10^{-4}	1.04	0.634	1.77×10^{-4}
52.4	0.199 0	7.72×10^{-4}	0.91	0.671	1.99×10^{-4}
49.3	0.256 2	1.05×10^{-3}	0.82	0.701	2.20×10^{-4}
45.4	0.314 7	1.35×10^{-3}	0.74	0.726	2.41×10^{-4}
41.2	0.370 8	1.65×10^{-3}	0.68	0.747	2.61×10^{-4}
37.2	0.422 2	1.95×10^{-3}	0.48	0.814	3.59×10^{-4}
33.6	0.468 4	2.25×10^{-3}	0.38	0.852	4.55×10^{-4}
30.4	0.509 4	2.52×10^{-3}	0.32	0.876	5.49×10^{-4}
27.6	0.545 7	2.79×10^{-3}	0.28	0.893	6.43×10^{-4}
25.2	0.577 7	3.05×10^{-3}	0.25	0.906	7.37×10^{-4}
23.0	0.606 1	3.30×10^{-3}	0.22	0.916	8.31×10^{-4}
21.2	0.631 2	3.55×10^{-3}	0.20	0.92	9.24×10^{-4}
19.6	0.653 6	3.79×10^{-3}	0.19	0.930	1.02×10^{-3}
18.2	0.673 7	4.02×10^{-3}	—	—	—
16.9	0.691 7	4.25×10^{-3}	—	—	—
15.8	0.707 9	4.47×10^{-3}	—	—	—

模型采用 C80 混凝土材料和 UHC140 级 UHPC 塑性损伤模型(CDP 模型),参数如表 5.4 所示。

表 5.4　材料塑性损伤模型参数

材料	膨胀角/(°)	流动势偏心率	σ_{b0}/σ_{c0}	K_c	黏性系数
UHC140	28	0.1	1.16	0.667	0.005
C80	30	0.1	1.16	0.667	0.005

5.1.3　有限元精细化建模

采用 ABAQUS 进行转接段静力工况的弹塑性分析。其中混凝土塔筒管片、钢质塔筒管片、法兰盘以及锚杆均采用实体单元 C3D8R,普通钢筋与预应力钢筋采用 TRUSS 单元,转接段精细化有限元模型及网格划分如图 5.3 所示。

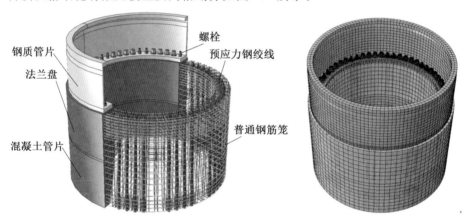

图 5.3　转接段精细化有限元模型及网格划分

网格大小控制为 0.5,对容易出现应力集中的部位进行网格加密,网格划分采用结构化网格和扫掠网格,得到较为规则的网格划分以得到较高的分析精度。建模过程中,为了使得计算更容易收敛,模型部件之间有接触的地方均设置面面接触。同时,为了模拟锚栓和预应力钢筋的初始预紧力,对锚栓和预应力钢筋施加了温度载荷,使得 10.9M56 锚栓的初始应力约为 540 MPa,相当于预紧力 1 100 kN,同时预应力钢筋的初始应力约为 870 MPa。

在塔筒底部施加固结约束,在转接段顶部标高处施加载荷。有限元模拟的载荷数据是参照工程案例数据,分为最不利工况考虑(1)不含安全系数和(2)含安全系数的 2 种情况,分别用于验算正常使用极限状态和承载力极限状态是否满足要求,载荷数据如表 5.5 所示。由于主机厂家未给出转接段顶部标高处载荷,因此此处选取的是塔筒 111 m 与 112 m 标高载荷中 M_{XY} 最大值的载荷工况,载荷取值如表 5.5 所示,这两种工况下沿 X 和 Y 方向的弯矩对结构受力起主要控制作用。

表 5.5　载荷工况

标高载荷工况	$M_X/(\text{kN} \cdot \text{m})$	$M_Y/(\text{kN} \cdot \text{m})$	$M_Z/(\text{kN} \cdot \text{m})$	F_X/kN	F_Y/kN	F_Z/kN
GL－不含安全系数 $M_{XY,\text{min}}$	39 065.8	－14 237.3	5 640.760	－82.867 5	－813.107	－3 840.290
GL－含安全系数 $M_{XY,\text{max}}$	6 634.200	52 352.1	1 881.120	1 320.410	－21.5224	－5 450.650

5.1.4　结果分析

对采用 C80 混凝土材料的普通钢筋混凝土塔筒和采用 UHPC140 材料的无筋 UHPC 塔筒的转接段受力性能进行分析。转接段塔筒的不同混凝土材料和配筋形式如表 5.6 所示。

表 5.6　转接段塔筒的不同混凝土材料和配筋形式

名称	塔筒类型	混凝土材料	水平环向分布筋	竖向分布筋	拉筋和竖向箍筋	孔道加强钢筋
C80 塔筒	钢筋混凝土塔筒	C80	√	√	√	√
UHC140 塔筒	UHPC 塔筒	UHC140	－	－	－	－

转接段受力分析主要分为：(1)最不利载荷工况 GL－含安全系数 $M_{XY,\text{max}}$ 的承载力极限状态分析，此工况下主要分析转接段处钢质塔筒、钢质法兰盘、混凝土塔筒、普通钢筋和锚杆的应力分布情况以及混凝土塔筒的塑性损伤情况；(2)最不利载荷工况 GL－不含安全系数 $M_{XY,\text{min}}$ 的正常使用极限状态分析，此工况下主要分析钢质法兰盘和混凝土塔筒之间的竖向位移。

1.承载能力极限状态分析(最不利载荷工况 GL－含安全系数 $M_{XY,\text{max}}$)

在最不利载荷工况 GL－含安全系数 $M_{XY,\text{max}}$ 下，转接段中 C80 塔筒与 UHC140 塔筒的混凝土主压应力和主拉应力云图分布如图 5.4 和图 5.5 所示。结果表明，C80 塔筒与 UHC140 塔筒的混凝土主压应力和主拉应力云图分布几乎一致。C80 塔筒与 UHC140 塔筒的混凝土主压应力均未超过抗压强度设计值，塔筒均不会发生受压破坏；而主拉应力最大值均出现在锚杆孔洞内壁，范围很小，这在设计时是被允许的，同时塔身的绝大部分主拉应力均小于 2 MPa，也均未超过抗拉强度设计值，因此塔筒也均不会发生受拉破坏。

此外，通过对比可以发现，UHC140 塔筒的主压应力要比 C80 塔筒混凝土的主压应力增大约 1.8 MPa，主拉应力要比 C80 塔筒混凝土的主拉应力增大约 2.7 MPa，而这两者的增大远不及与 UHC140 塔筒在抗压强度和抗拉强度上的提高，相较于 C80 混凝土，UHC140 抗压强度达到 120 MPa，强度提高接近 1 倍，而抗拉强度达到 7 MPa，强度提高近 3 倍。从这个角度来说，UHPC 要比普通混凝土适用范围更广，也更有优势。

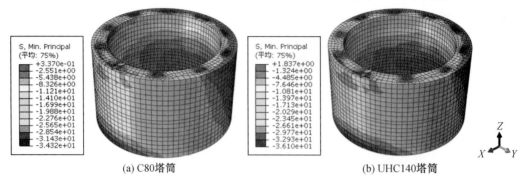

(a) C80塔筒　　　　　　　　　　　(b) UHC140塔筒

图 5.4　C80 塔筒与 UHC140 塔筒混凝土主压应力云图（彩图见附录）

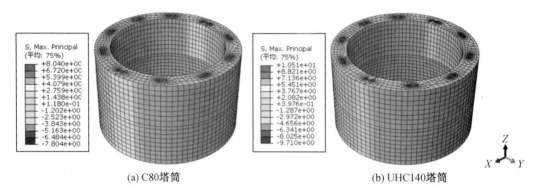

(a) C80塔筒　　　　　　　　　　　(b) UHC140塔筒

图 5.5　C80 塔筒与 UHC140 塔筒混凝土主拉应力云图（彩图见附录）

　　图 5.6 和图 5.7 分别为 C80 塔筒与 UHC140 塔筒受压和受拉损伤云图。从图中可以看出，UHC140 塔筒与 C80 塔筒受压损伤很小，筒身几乎没有受压损伤，UHC140 塔筒受压损伤小于 C80 塔筒，两者损伤最大值分别为 0.550 和 0.227，均出现在锚杆的孔壁周围。同时可以发现，UHC140 塔筒与 C80 塔筒筒身表面混凝土几乎没有受拉损伤，整体上 UHC140 塔筒受拉损伤小于 C80 塔筒，但是 C80 塔筒不仅在锚杆孔洞周边也发生了局部损伤，而且在受拉侧筒体表面混凝土发生了较大范围的受拉损伤，损伤最大值达到最大受拉损伤值 0.930，而 UHC140 塔筒混凝土仅在锚杆孔洞周围发生局部损伤。由此可以

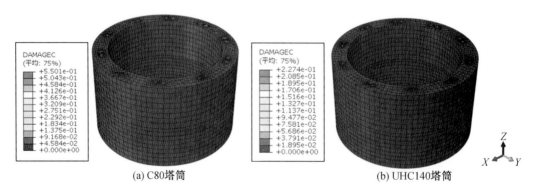

(a) C80塔筒　　　　　　　　　　　(b) UHC140塔筒

图 5.6　C80 塔筒与 UHC140 塔筒受压损伤云图（彩图见附录）

看出,UHC140 塔筒中超高性能混凝土的高抗拉强度发挥了显著作用,减少了塔筒混凝土受拉损伤。

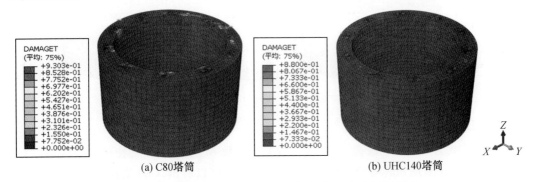

(a) C80塔筒   (b) UHC140塔筒

图 5.7 C80 塔筒与 UHC140 塔筒受拉损伤云图(彩图见附录)

塔筒中锚杆的应力分布云图如图 5.8 所示,可以发现 C80 塔筒和 UHC140 塔筒中的锚杆受力分布几乎一致,应力最大处均发生在塔筒受拉侧,最大拉应力分别为 895.5 MPa 和 854.6 MPa,均未超过锚杆抗拉强度设计值。UHC140 塔筒中的锚杆最大应力小于 C80 塔筒,减少了约 5%。

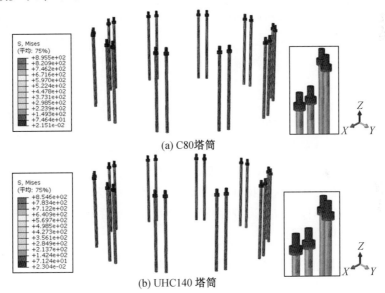

(a) C80塔筒

(b) UHC140 塔筒

图 5.8 C80 塔筒与 UHC140 塔筒锚杆应力分布云图(彩图见附录)

转接段中钢质塔筒和钢质法兰盘的应力分布如图 5.9 所示,可以看出,不管下部为 C80 塔筒还是 UHC140 塔筒,钢质塔筒和钢质法兰盘的应力分布和数值几乎一致,应力数值均小于钢材屈服强度 290 MPa,仍处于弹性工作状态。因此可以说明,不论选用 C80 塔筒还是 UHC140 塔筒,对转接段上部钢质塔筒和钢质法兰盘受力都无影响。

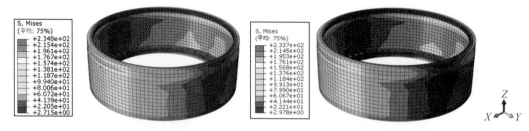

图 5.9　钢质塔筒和钢质法兰盘的应力分布云图（彩图见附录）

2. 正常使用极限状态分析

图 5.10 为在最不利载荷工况 GL—含安全系数 $M_{XY,max}$ 下，正常使用极限状态下 C80 塔筒与 UHC140 塔筒转接段竖向位移云图，从图中可以看出，C80 塔筒与 UHC140 塔筒转接段竖向位移云图几乎一致，C80 塔筒与 UHC140 塔筒转接段最大竖向位移分别为 2.185 mm 和 2.003 mm，使用 UHC140 塔筒的转接段最大竖向位移减小了 8.32%。

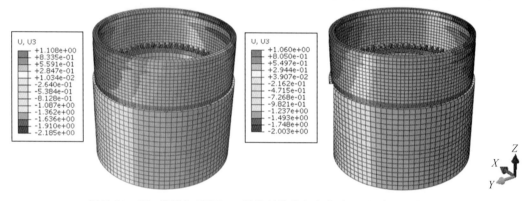

图 5.10　C80 塔筒与 UHC140 塔筒转接段竖向位移云图（彩图见附录）

综上，相较于 C80 塔筒，UHC140 塔筒转接段的受力性能与 C80 塔筒几乎一致。同时，由于高性能混凝土较高的抗拉性能，UHC140 塔筒的受力性能更好，在受拉损伤范围、转接段竖向位移、锚杆受拉应力方面均有减小。因此，在转接段处，无筋 UHC140 塔筒可完全替代传统 C80 塔筒。

5.1.5　转接段混凝土塑性损伤演变趋势

为了对比分析 C80 塔筒与 UHC140 塔筒混凝土塑性损伤演变趋势，给塔筒施加 3 倍的设计工况载荷，并假定锚杆与预应力钢筋具有足够强的抗拉强度，并不先于混凝土塔筒破坏前拉断，使得塔筒混凝土充分发生塑性损伤。经观察发现，C80 塔筒与 UHC140 塔筒混凝土受压损伤范围很小，均分布在受压侧锚杆孔洞应力集中处，对塔筒的整体受力性能影响可忽略不计，混凝土以塑性受拉损伤为主。图 5.11 和图 5.14 分别为 C80 塔筒混凝土与 UHC140 塔筒混凝土塑性受拉损伤演变趋势图。

从图 5.11 发现，在 0.6 倍载荷时，C80 混凝土受拉损伤开始于塔筒受拉侧最大载荷集中处的锚杆孔洞之间（图 5.11(a) Ⅰ 处），损伤值约为 0.25，此处出现沿塔筒径向的初始裂缝；随着载荷增大，Ⅰ 处受拉损伤逐渐增大，并且沿着塔筒环向发展，损伤值达到 0.8 左右,此时径向的初始裂缝不断往两侧环向发展,在 1.0 倍载荷时塔筒形成受拉侧环向裂缝,并且塔筒塔身中部混凝土开始出现损伤,损伤值约为 0.2;随着载荷从 1 倍载荷增大至 1.3 倍载荷,塔筒塔身中部混凝土损伤值逐渐增大直至达到最大损伤值(约为 0.9),形成 Ⅱ 处的损伤范围,塔身中部混凝逐渐形成贯穿的环向裂缝后,裂缝逐渐增大,最终混凝土剥落;同时从图 5.12、图 5.13 可以看出,当载荷达到 1.3 倍载荷时,塔筒 Ⅱ 处的混凝土主拉应力已超过到抗拉强度设计值,并且内部的普通钢筋(环向和竖向受力钢筋)已超过设计值,因此此处的受拉钢筋被拉断,可判断此时 C80 塔筒已达到极限承载能力,即失去工作能力。

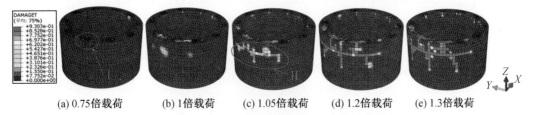

(a) 0.75倍载荷　　(b) 1倍载荷　　(c) 1.05倍载荷　　(d) 1.2倍载荷　　(e) 1.3倍载荷

图 5.11　C80 塔筒混凝土塑性受拉损伤演变趋势(彩图见附录)

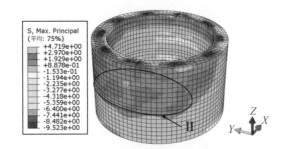

图 5.12　1.3 倍载荷时 C80 塔筒混凝土最大主应力(彩图见附录)

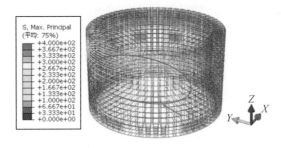

图 5.13　1.3 倍载荷时 C80 塔筒钢筋应力(彩图见附录)

　　观察图 5.14 可以发现,当载荷加载至 1.60 倍载荷时,UHC140 塔筒混凝土的受拉损伤最先开始于塔筒受拉侧最大载荷集中处的锚杆孔洞之间(图 5.14(a)Ⅲ处),同 C80 塔筒混凝土一致,损伤值约为 0.3,此处出现沿塔筒径向的初始裂缝并延伸至塔筒中部形成竖向裂缝;随着载荷的增大,塔筒受拉侧 Ⅰ 处两侧锚杆孔洞间发生损伤,并逐步形成径向裂缝并延伸至塔身中部,亦形成竖向裂缝,如图 5.14(b)(c)所示。当载荷从 2 倍载荷增大至 2.5 倍载荷时,塔身中部损伤范围逐渐增大并连成一片,形成图 5.14(d)Ⅳ所示的损伤范围,在 2.5 倍载荷时塔筒中部范围Ⅲ的混凝土达到抗拉强度设计值,此范围是由裂缝逐渐扩张形成的,此时 UHC140 塔筒可能达到极限承载能力,失去工作能力。2.5 倍载荷时 UHC140 塔筒混凝土最大主拉应力如图 5.15 所示。

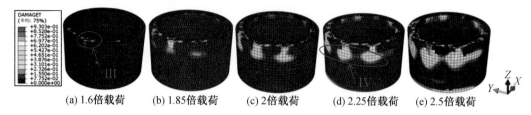

(a) 1.6倍载荷　　(b) 1.85倍载荷　　(c) 2倍载荷　　(d) 2.25倍载荷　　(e) 2.5倍载荷

图 5.14　UHC140 塔筒混凝土塑性受拉损伤演变趋势(彩图见附录)

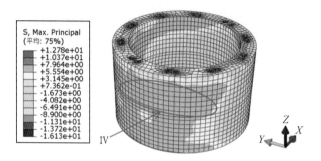

图 5.15　2.5 倍载荷时 UHC140 塔筒混凝土最大主拉应力(彩图见附录)

综上,可以发现 UHC140 塔筒和 C80 塔筒的塑性受拉损伤整体趋势较为一致,然而损伤范围发展的方向有些许不同。UHC140 塔筒相较于 C80 塔筒,充分发挥了超高性能混凝土的高强度和高抗拉性能,使得 UHC140 塔筒的极限承载能力约为 C80 塔筒的 2.1 倍。然而,由于 UHPC 塔筒中未配置受力钢筋,因此很难准确判断塔筒的最终破坏时刻,只能通过对塔筒的损伤范围和损伤大小进行估计。

5.2　转接段塔筒截面优化

根据对原截面 UHC140 塔筒的受力分析可知,在设计工况载荷下 UHC140 塔筒的极限承载能力还较为富余,因此有必要对其截面进行优化,减少 UHPC 材料的使用,使得塔筒设计更具经济适用性。因此,根据原截面 UHC140 塔筒的应力云图及损伤云图进行截面优化,得到碗状结构 UHPC 塔筒结构,该结构充分利用塔筒的受力特性,减小了塔筒截面,减少了约 16% 的 UHPC 材料,如图 5.16 所示。在设计工况载荷下,碗状结构 UHPC 塔筒的受拉损伤与受压损伤云图如图 5.17 所示,可以发现塔筒几乎没有受压损伤,而受拉损伤范围也很小,主要存在于塔筒受拉侧的锚杆孔洞边,损伤值仅为 0.2 左右。

相较于 C80 塔筒,无筋 UHC140 塔筒的转接段在承载能力使用状态和正常使用极限状态下的受力性能与 C80 混凝土塔筒几乎一致。由于高性能混凝土较高的抗拉性能,UHC140 塔筒的受力性能更好,在受拉损伤范围、转接段竖向位移、锚杆受拉应力方面均有减小。在转接段处,无筋 UHC140 塔筒可完全替代传统 C80 钢筋混凝土塔筒。

UHC140 塔筒和 C80 塔筒的塑性受拉损伤整体趋势较为一致,但损伤范围发展的方向有些许不同。UHC140 塔筒相较于 C80 塔筒,充分发挥了超高性能混凝土的高强度和

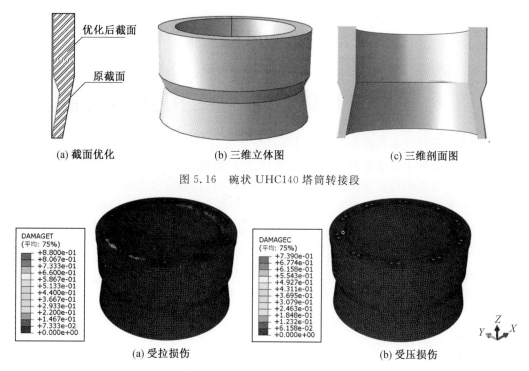

(a) 截面优化　　　　(b) 三维立体图　　　　(c) 三维剖面图

图 5.16　碗状 UHC140 塔筒转接段

(a) 受拉损伤　　　　　　　　　(b) 受压损伤

图 5.17　碗状塔筒结构受拉损伤与受压损伤云图（彩图见附录）

高抗拉性能，使得 UHC140 塔筒的极限承载能力约为 C80 塔筒的 2.1 倍。

　　本章研究提出的新型碗状 UHPC 塔筒转接段，充分利用塔筒的受力特性，相对于原截面 UHPC 塔筒减少了约 16％ 的 UHPC 材料，混凝土应力和损伤均满足设计要求。在相同材料成本下，采用 UHPC 塔筒的转接段受力性能更好，相较于 RC 塔筒转接段能提供更大的承载能力，使得转接段设计在适用的基础上，更具经济性。

第 6 章 H160 型塔筒结构受力性能

以某典型设计轮毂高度 160 m 的 H160 型预应力 UHPC 混合塔筒为案例,如图 6.1
所示。该塔筒总体上由上部钢质塔筒、钢质转接段、混凝土节段、基础等组成,其装配拼接
缝包括水平拼接缝和竖向拼接缝,其中水平拼接缝附近区域应力状态和截面受力如图6.1
所示,其中,F_p 是预应力筋的竖向合力,F_z 是塔筒的竖向集中力;M 是塔筒截面的弯矩;V
是塔筒截面的剪力;T 是塔筒截面的扭矩;σ_{pc} 是由于预应力筋张拉在混凝土截面产生的
法向应力。

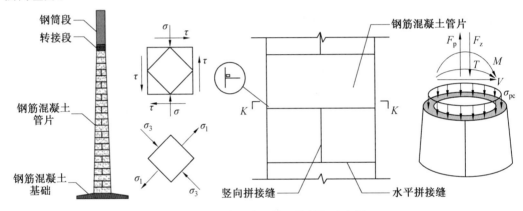

图 6.1 塔筒接缝附近单元体刨切示意图

6.1 塔筒模态分析

模态是结构所固有的振动特性,每一个结构的模态都具有相对应的、特定的固有频
率、阻尼比和模态振型。在 ABAQUS 有限元计算中,动力学分析方法与静力学分析方法
有许多相似之处,其最主要的区别在于动力分析考虑了离散分布的质量产生的惯性力。

风电塔筒的动力特性分析包含了建模模型本身的自振周期(频率)、工况各阶振型及
阻尼系数等,这些动力特性所对应的影响结构动力响应包括:水平振动、竖向振动及扭转
振动。它们取决于结构刚度、结构组成形式、质量分布、外载荷材料性质等多种因素。通
常自由振动可以得到结构的频率和振型,在实际的风电塔筒工程中,在研究塔筒系统的这
种固有特性时,可以忽略掉阻尼的影响。

模态分析用于分析结构的固有动力特性,即用于确定结构的固有频率和固有振型,在
塔架的设计中,需要对其进行模态分析,以了解其动态特征,从而看塔架的固有频率是不
是与叶片旋转的频率相吻合,或是不是避开了叶片旋转激励频率的一定范围。对于塔筒
动力学特性计算有意义的振动模态有三种:侧向弯曲振动模态、前后弯曲振动模态和扭转

振动模态。塔筒的动力学分析主要包括对塔筒进行模态分析以及整个塔架（包含顶部风叶）的自振频率计算。

6.1.1　基本理论

由于一般的建筑结构阻尼比是很小的，阻尼比的范围大概 $0.01 \sim 0.1$，因此在塔筒的实际工程结构的计算中取 $\omega_d \approx \omega$。多自由度弹性塔筒体系的自振特性主要包括塔筒的自振频率（固有频率）和塔筒的振型，这些需要塔筒的无阻尼自由振动方程来求得。

根据现有的塔筒体系，可以建立具有多自由度的无阻尼振动微分方程：

$$[M]\{\ddot{x}\} + [K]\{x\} = \{f(t)\} \tag{6.1}$$

式中　　$[M]$——塔筒体系的质量矩阵；

　　　　$[K]$——塔筒体系的刚度矩阵。

令 $f(t) = 0$，则式（6.1）变成

$$[M]\{\ddot{x}\} + [K]\{x\} = 0 \tag{6.2}$$

式（6.2）称为多自由度体系无阻尼自由振动微分方程。

可以设上述微分方程的通解为

$$\{x\} = \{X\}\sin(\omega x + \varphi) \tag{6.2a}$$

将式（6.2a）对时间 t 求二次微分，得到

$$\{\ddot{x}\} = -\omega^2 \{X\}\sin(\omega x + \varphi) \tag{6.3}$$

将式（6.2a）、式（6.3）代入式（6.1）中得

$$([K] - \omega^2 [M])\{X\} = \{0\} \tag{6.4}$$

显然 $\{X\} \neq \{0\}$，所以式（6.4）对应的系数行列式为零，即

$$\left| [K] - \omega^2 [M] \right| = 0$$

$$\begin{vmatrix} k_{11} - \omega^2 m_1 & k_{12} & \cdots & k_{1n} \\ k_{21} & k_{22} - \omega^2 m_2 & \cdots & k_{2n} \\ \vdots & \vdots & & \vdots \\ k_{n1} & k_{n2} & \cdots & k_{nn} - \omega^2 m_n \end{vmatrix} = 0 \tag{6.5}$$

求解方程（6.5）可以得到 n 个关于 ω 的正根 $\omega_1, \omega_2, \cdots, \omega_n$。

$$\{X\}_j = \begin{Bmatrix} X_{j1} \\ X_{j2} \\ \vdots \\ X_{jn} \end{Bmatrix} \tag{6.6}$$

式中　　$\{X\}_j$——振幅列向量。

这些值就是自振频率。将上述求得的频率分别代入式（6.4）中，就可以求得每一阶自振频率下各质点的相对振幅比值，由此得到塔筒体系的变形曲线图。经过归一化就可得到该频率之下的主振型。

6.1.2　边界条件处理

使用刚性地基时，模态分析计算的结果和柔性基础的结果差别较大。这里采用柔性

地基来处理。三个平动的刚度为 2×10^9 N/m,转动的刚度参考值为 7.9×10^{10} N·m/rad。

本部分使用 ABAQUS 对塔筒模态进行分析,考虑到机舱、轮机及叶片的形状比较复杂,同时保证模型的简化以及保证模拟的有效性,实际的模拟中将上述三个物体等效成 6 m×5 m×2 m 的长方体作用于塔筒顶部,并且该长方体的质量为机舱、轮机及叶片三者质量之和。具体质量为 240 t,同时将该长方体块体采用钢质块体来模拟,这里必须保证钢质块体质量的重心位置与原结构的质量重心位置一致。

塔筒通过预应力筋与地面相连,所以对塔筒底部施加固定约束。同时在建模中基础分为刚性基础和柔性基础,刚性基础是通过在底面设置完全固定的边界条件来实现,柔性基础是通过设置具有一定刚度系数的弹簧来模拟地基的刚度。即设置六个方向的弹簧,分别是平动弹簧和转动弹簧。

通过在底部设置刚度弹簧的方法来模拟柔性地基,这里分别设置平动弹簧和转动弹簧。

首先在底面中心处建立参考点,同时将底面建立耦合约束,即将整个底面耦合到参考点上。这样平动弹簧和转动弹簧的作用区域选择这个参考点。弹簧的类型有:连接两点和将点接地。这里选择将点接地选项。弹簧设置也是一种边界条件的处理,所以这里要约束 6 个方向上的自由度,所以就是要设置 6 个弹簧。分别是三个平动弹簧和三个转动弹簧。

底部弹簧的刚度如图 6.1 所示。

图 6.2　弹簧刚度的设置

同样,塔筒底部弹簧的设置如图 6.3 所示。

图 6.3　塔筒底部弹簧

6.1.3　塔筒顶部风机质量的处理

这里的 Z 轴为竖向,所以就要求最后提取振型的时候,X 和 Y 方向的质量占总质量的 90% 以上,这就说明,振型阶数提取够了。显然,在进行结构的模态分析时,低阶振型对结构的影响更大,高阶振型通常数值很大,可以避开风机叶轮的激励频率,不会发生共振。所以这里主要关心塔筒的低阶频率。这里通过运用 ABAQUS 软件对 UHPC 和 C80 塔筒进行模拟,得到风机塔筒的前六阶的固有振型和频率。

该风机为 XW4500/165/160,风机的允许频率范围为 0.204~0.286 Hz,这里在顶部通过设置质量块来模拟风机和叶片的作用。风机的常见参数如表 6.1 所示。

表 6.1　风机参数表

部件名称	坐标轴	X	Y	Z
叶轮	位置/m	5.295	0	2.25
	质量/kg		105 305	
机舱	位置/m	0.08	0.132	1.853
	质量/kg		133 000	

在塔筒顶部的风机中,一般在塔筒顶部建立局部坐标系,目的是方便描述风机的各部分位置。风机顶部坐标系如图 6.4 所示。下面计算机舱和叶片的等效质心的位置。

这里叶轮和机舱的总质量为 238 305 kg,近似取 240 t。根据质心计算公式,得到风机的质心坐标为(2.38,0,158.728)。顶部设置耦合约束,根据计算的风机机舱+叶片的质心坐标,将质量块耦合在点(−2.38,0,158.728)上。

塔顶机舱和叶片的总质量为 240 t,这里在 ABAQUS 软件中通过设置质量块的方法来模拟风机的质量。同时在塔筒顶面设置耦合约束,约束的参考点选择上面的坐标。在ABAQUS 软件中创建 240 t 的质量块,如图 6.5 所示。

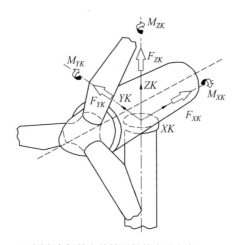

XK 固定在机舱上的转子轴的水平方向
ZK 竖直向上方向
YK 水平横向方向，让 *XK*、*YK*、*ZK* 顺时针旋转

图 6.4　风机顶部坐标系

图 6.5　风机质量的设置

　　另外，将塔筒顶部的风机等效为一个等质量的质量块进行分析，质量块的位置为上述计算的坐标。图 6.6 为顶部质量块的处理。

图 6.6　刚塔筒顶部质量块的处理

6.1.4　基于 ABAQUS 的模态分析实例

塔筒的主要激励频率有以下两项：

(1)风轮旋转频率：叶轮转速的 1 倍，即 1P 频率；

(2)叶片通过频率：叶片转速的 3 倍，即 3P 频率。

塔筒及风机组成的结构体系的一阶自振频率与主要激励频率的相对偏差不应小于10％，且应位于塔筒的允许频率之内。根据风轮旋转频率和叶片通过频率，可以作出其坎贝尔图，如图 6.7 所示。

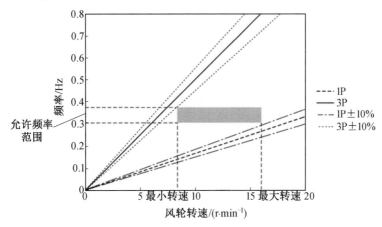

图 6.7　坎贝尔图

这里的 Z 轴为竖向，所以就要求最后提取振型的时候，X 和 Y 方向的质量占总质量的 90％以上，这就说明振型阶数提取足够。显然，在进行结构的模态分析时，低阶振型对结构的影响更大，高阶振型通常数值很大，可以避开风机叶轮的激励频率，不会发生共振。所以这里主要关心塔筒的低阶频率。这里通过运用 ABAQUS 软件对 R220－T220－B300 的 H160 型塔筒进行模拟，得到风机塔筒的前六阶的固有振型和频率。

该风机为 XW4500/165/160，风机的允许频率范围为 0.204～0.286 Hz。通过

ABAQUS 软件计算得到 C80 塔筒和 UHC120 塔筒的固有频率,如表 6.2 所示。

表 6.2　塔筒 ABAQUS 模态分析的固有频率和振型

阶数	UHPC 固有频率	模态振型描述	阶数	C80 固有频率	模态振型描述
1	0.219 65	X 方向一阶弯曲	1	0.197 61	X 方向一阶弯曲
2	0.219 81	Y 方向一阶弯曲	2	0.198 16	Y 方向一阶弯曲
3	0.906 74	X 方向二阶弯曲	3	0.792 57	X 方向二阶弯曲
4	0.908 83	Y 方向二阶弯曲	4	0.795 09	Y 方向二阶弯曲
5	2.603 4	X 方向三阶弯曲	5	2.322 2	X 方向三阶弯曲
6	2.629 6	Y 方向三阶弯曲	6	2.340 1	Y 方向三阶弯曲
7	2.992 8	Z 方向一阶扭转	7	2.996 4	Z 方向一阶扭转

根据表 6.2 的数据,可以作出两塔筒前六阶振型的对比图,如图 6.8 所示。

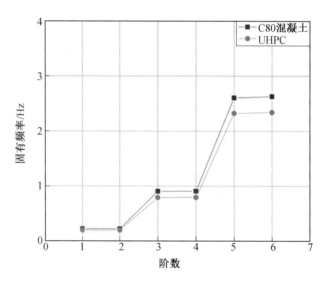

图 6.8　C80 塔筒和 UHPC 塔筒前六阶振型对比

通过图 6.8 可以看出:配筋的 C80 混凝土的各阶频率要大于 UHPC,同时前两阶振型为一阶振型,其频率比较接近。第三、四阶振型为二阶振型,两者的频率比较接近。

两塔筒的一阶振型对比如图 6.9 所示。

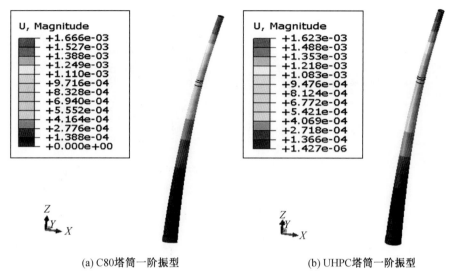

(a) C80塔筒一阶振型　　　　　　　(b) UHPC塔筒一阶振型

图 6.9　两塔筒的一阶振型对比(彩图见附录)

两塔筒的二阶振型对比如图 6.10 所示。

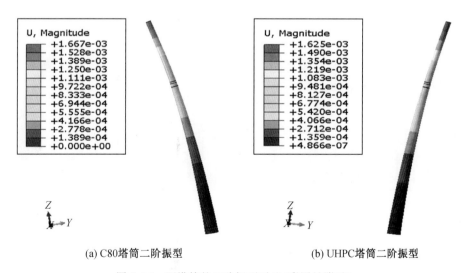

(a) C80塔筒二阶振型　　　　　　　(b) UHPC塔筒二阶振型

图 6.10　两塔筒的二阶振型对比(彩图见附录)

两塔筒的三阶振型对比如图 6.11 所示。

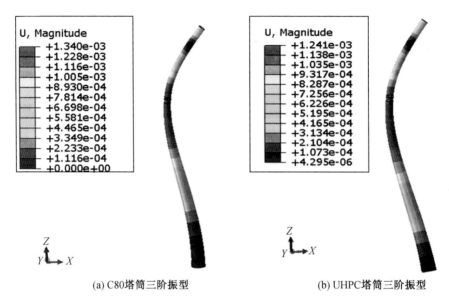

(a) C80塔筒三阶振型   (b) UHPC塔筒三阶振型

图 6.11　两塔筒的三阶阵型对比（彩图见附录）

两塔筒的四阶振型对比如图 6.12 所示。

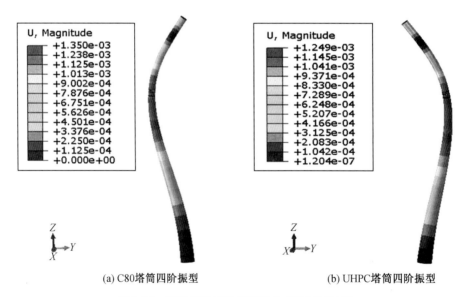

(a) C80塔筒四阶振型   (b) UHPC塔筒四阶振型

图 6.12　两塔筒的四阶阵型对比（彩图见附录）

两塔筒的五阶振型对比如图 6.13 所示。

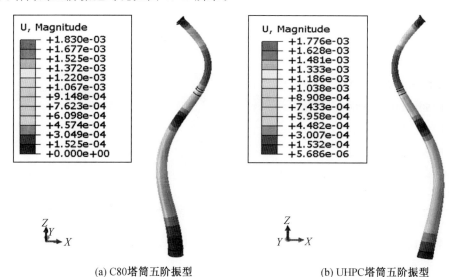

(a) C80塔筒五阶振型　　　　　　　　(b) UHPC塔筒五阶振型

图 6.13　两塔筒的五阶振型对比(彩图见附录)

两塔筒的六阶振型对比如图 6.14 所示。

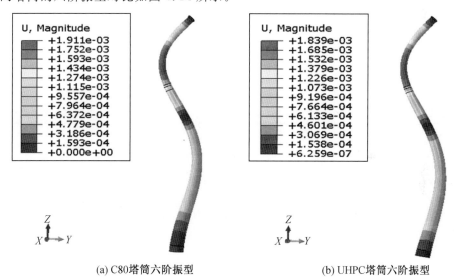

(a) C80塔筒六阶振型　　　　　　　　(b) UHPC塔筒六阶振型

图 6.14　两塔筒的六阶振型对比(彩图见附录)

通过上面前六阶振型的对比可知,C80 混凝土的前六阶振型均大于 UHPC,说明 UHPC 可以适当降低结构的振幅。

6.1.5　固有频率的影响因素

1. 塔筒壁厚对固有频率的影响

这里就是要考虑一下不同的塔筒壁厚,这里分别设置 6 种 UHPC 塔筒壁厚,通过改变壁厚,来观察壁厚对于后张预应力 UHPC 塔筒的固有频率的影响。这里塔筒顶部的风机质量、基础刚度及门洞都为默认值不改变。

表 6.3 为变壁厚塔筒的各部分厚度介绍。

表 6.3　6 种变壁厚 UHPC 塔筒清单表

塔筒模型	t_R /mm	t_T /mm	t_B /mm
R150－T80－B300	150	80	300
R150－T100－B300	150	100	300
R150－T120－B300	150	120	300
R150－T150－B300	150	150	300
R180－T180－B300	180	180	300
R220－T220－B300	220	220	300

根据上述的变厚度 UHPC 塔筒,对其进行固有频率求解,得到 6 种塔筒的固有频率,如表 6.4 所示。

表 6.4　UHPC 塔筒变壁厚的固有频率(Hz)

塔筒模型	一阶频率	二阶频率	三阶频率	四阶频率	五阶频率	六阶频率
R150－T80－B300	0.170 03	0.170 40	0.846 70	0.849 45	2.405 9	2.426 0
R150－T100－B300	0.172 88	0.173 20	0.843 88	0.846 50	2.400 7	2.420 6
R150－T120－B300	0.175 28	0.175 68	0.840 50	0.843 31	2.394 3	2.414 7
R150－T150－B300	0.179 56	0.179 94	0.834 21	0.836 88	2.383 4	2.403 4
R180－T180－B300	0.188 48	0.188 94	0.815 69	0.818 30	2.354 7	2.373 9
R220－T220－B300	0.197 60	0.198 15	0.792 43	0.794 95	2.322 0	2.339 9

基于上述提出的变壁厚新型塔筒,这里提出上述六种塔筒,分别分析壁厚改变时,塔筒结构前四阶自振频率将会如何变化。得到了前四阶固有频率的变化规律,如图 6.15 所示。

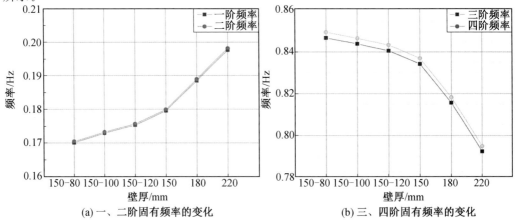

(a) 一、二阶固有频率的变化　　　　(b) 三、四阶固有频率的变化

图 6.15　UHPC 塔筒的频率随壁厚的变化规律

通过图 6.15 可以看出,随着壁厚的增加,塔筒结构的一阶和二阶频率逐渐增加,并且增加的趋势逐渐变大;三阶和四阶频率逐渐降低,同时降低的趋势逐渐变大。

通过上述规律可以得出结论:当风机塔筒的频率不满足要求时,可以采取更改壁厚的方案,这样可以显著地降低或增加塔筒的自振频率。

2. 塔筒顶部质量对固有频率的影响

在 ABAQUS 软件中,在相互作用模块中设置风机的质量,通过计算风机等效质心的位置,将质量创建在此位置。同时建立耦合约束,将该位置处设置参考点,用参考点耦合整个平面,分布类型选择运动分布。依次改变塔顶风机的质量,可以得到 C80 塔筒的固有频率数值,如表 6.5 所示。

表 6.5　C80 塔筒不同风机质量时的频率(Hz)

塔顶风机质量/t	一阶频率	二阶频率	三阶频率	四阶频率	五阶频率	六阶频率
0	0.387 58	0.388 22	1.360 5	1.362 4	2.992 8	3.168 5
40	0.336 55	0.337 02	1.119 1	1.120 7	2.820 1	2.823 2
80	0.299 78	0.300 13	1.022 8	1.024 2	2.721 0	2.725 7
120	0.272 28	0.272 55	0.972 58	0.974 04	2.673 1	2.681 7
160	0.250 92	0.251 14	0.942 00	0.943 63	2.643 2	2.656 7
200	0.233 77	0.233 95	0.921 47	0.923 32	2.621 3	2.640 7
240	0.219 65	0.219 81	0.906 74	0.908 83	2.603 4	2.629 6
280	0.207 78	0.207 91	0.895 63	0.897 99	2.587 5	2.621 4
320	0.197 62	0.197 74	0.886 95	0.889 59	2.572 5	2.615 1

同理计算得到 UHPC 塔筒的固有频率数值,如表 6.6 所示。

表 6.6　UHPC 塔筒不同风机质量时的固有频率(Hz)

塔顶风机质量/t	一阶频率	二阶频率	三阶频率	四阶频率	五阶频率	六阶频率
0	0.328 72	0.330 15	1.216 7	1.219 0	2.861 5	2.864 7
40	0.291 39	0.292 54	1.001 4	1.003 4	2.527 9	2.530 2
80	0.263 15	0.264 09	0.909 12	0.911 09	2.431 5	2.434 9
120	0.241 25	0.242 05	0.859 40	0.861 43	2.385 5	2.391 6
160	0.223 80	0.224 49	0.828 57	0.830 74	2.357 5	2.367 0
200	0.209 53	0.210 14	0.807 67	0.810 00	2.337 7	2.351 1
240	0.197 61	0.198 16	0.792 57	0.795 09	2.322 2	2.340 1
280	0.187 47	0.187 98	0.781 16	0.783 87	2.309 0	2.332 0
320	0.178 73	0.179 19	0.772 23	0.775 13	2.297 1	2.325 8

这里只关注塔筒的前四阶频率。对于同一种塔筒,当塔筒截面形式和高度确定后,根据一定的设计要求,显然可以安放不同的风机类型,但是不同的风机类型,其叶片和机舱

的质量必然不尽相同,所以有必要研究塔筒的频率随质量变化的规律。根据表 6.5 和表 6.6 的数据,可以作出图 6.16 所示的两塔筒前四阶固有频率随塔顶质量的变化规律。

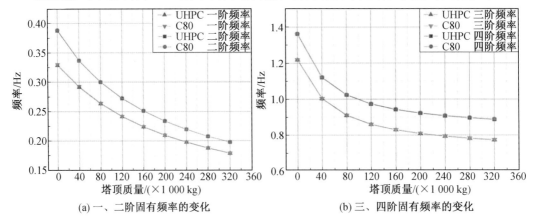

(a) 一、二阶固有频率的变化　　　　(b) 三、四阶固有频率的变化

图 6.16　UHPC 塔筒频率随塔顶质量变化规律

通过图 6.16 可以看到,C80 混凝土和 UHPC 的一阶到四阶频率几乎完全相同,但 C80 塔筒的各阶频率要略大于 UHPC 塔筒。

另外,在塔顶质量以及其他条件不变的前提下,随着塔顶质量的增大,各阶频率逐渐减小,其变化规律近似指数分布。由于实际风机质量不会无限大,这里只分析 0～320 t 的质量变化范围。

3. 塔筒顶部风机位置对固有频率的影响

上节分析了塔筒顶部质量的变化时,塔筒的频率会随之发生改变。要确定风机的状态,不仅要分析风机的质量,与之相对应的还要分析风机位置。因为实际工程中,不同的风机可能存在相同质量但是质心位置不同的情况。这里分析质量相同的情况下,随着风机质心位置的变化,塔筒体系的自振频率的变化规律。

为了分析的概括性,这里分析两种类型的塔筒:C80 塔筒和无筋的 UHPC 塔筒,通过 ABAQUS 有限元计算软件,随着风机质心位置的变化,C80 塔筒的前六阶的自振频率数值如表 6.7 所示。

表 6.7　C80 塔筒风机 X 向偏心时的固有频率(Hz)

风机质心位置/m	一阶频率	二阶频率	三阶频率	四阶频率	五阶频率	六阶频率
0	0.219 73	0.219 95	0.909 68	0.911 17	2.641 2	2.645 3
0.5	0.219 73	0.219 94	0.909 55	0.911 07	2.639 7	2.644 6
1.0	0.219 72	0.219 92	0.909 17	0.910 76	2.635 4	2.642 5
1.5	0.219 70	0.219 89	0.908 52	0.910 24	2.627 7	2.639 1
2.0	0.219 68	0.219 85	0.907 61	0.909 52	2.615 9	2.634 2
2.5	0.219 65	0.219 79	0.906 43	0.908 59	2.598 7	2.627 9
3.0	0.219 61	0.219 72	0.904 95	0.907 46	2.574 0	2.620 2
3.5	0.219 56	0.219 64	0.903 18	0.906 11	2.538 7	2.611 0
4.0	0.219 51	0.219 55	0.901 09	0.904 57	2.488 9	2.600 2

同理,随着偏心距的变化,UHPC 塔筒的前六阶固有频率数值如表 6.8 所示。

表 6.8　UHPC 塔筒风机 X 向偏心时的固有频率(Hz)

风机质心位置/m	一阶频率	二阶频率	三阶频率	四阶频率	五阶频率	六阶频率
0	0.197 66	0.198 26	0.794 71	0.796 87	2.349 1	2.352 4
0.5	0.197 66	0.198 25	0.794 62	0.796 80	2.348 1	2.351 8
1.0	0.197 65	0.198 24	0.794 34	0.796 57	2.344 8	2.350 2
1.5	0.197 64	0.198 22	0.793 87	0.796 17	2.339 2	2.347 5
2.0	0.197 62	0.198 19	0.793 21	0.795 62	2.330 8	2.343 7
2.5	0.197 60	0.198 15	0.792 35	0.794 90	2.319 0	2.338 9
3.0	0.197 57	0.198 10	0.791 29	0.794 03	2.302 7	2.332 9
3.5	0.197 54	0.198 05	0.790 01	0.792 99	2.280 7	2.325 9
4.0	0.197 51	0.197 98	0.788 52	0.791 80	2.251 1	2.317 7

根据表 6.7 和表 6.8 的数据,可以作出 C80 塔筒和 UHPC 塔筒的固有频率随塔顶风机质心位置的变化规律,图 6.17 表示两塔筒一、二阶固有频率随着 X 向质心位置的变化规律,图 6.18 表示两塔筒的三、四阶固有频率随 X 向质心位置的变化规律。

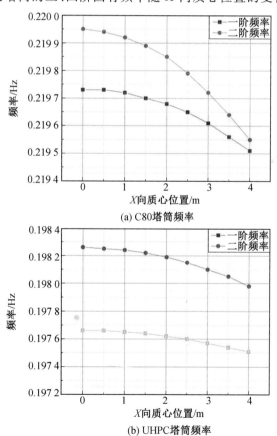

(a) C80塔筒频率

(b) UHPC塔筒频率

图 6.17　C80 塔筒和 UHPC 塔筒频率随风机偏心距离的变化规律 1

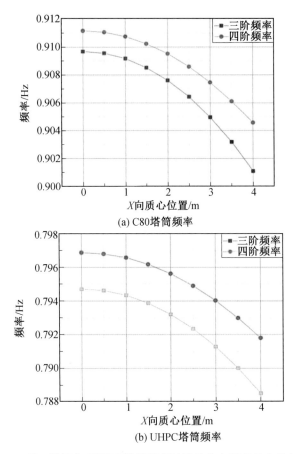

图 6.18 C80 塔筒和 UHPC 塔筒频率随风机偏心距离的变化规律 2

从图 6.17 和图 6.18 可以看出：随着 X 向偏心距离的增加，C80 塔筒和 UHPC 塔筒的各阶自振频率均会降低；同时，前者的各阶自振频率均大于 UHPC 塔筒的自振频率。说明配筋的混凝土塔筒的自振频率要大于不配筋的 UHPC 塔筒。

在偏心距从 0 变化到 4 m 的过程中，C80 混凝土的一阶频率变化量是 2.2×10^{-4} Hz，二阶频率变化量是 4×10^{-4} Hz；UHPC 塔筒的一阶频率变化量是 1.5×10^{-4} Hz，二阶频率变化量是 2.8×10^{-4} Hz。虽然 UHPC 材料的强度和刚度要大于 C80 混凝土，但配筋的 C80 混凝土各阶频率均大于 UHPC 塔筒的各阶频率，说明配筋率会影响塔筒的自振频率。配筋会对自振频率有提升的作用。

4. 约束对固有频率的影响

在正常阶段，在塔筒进行运算时都是按照柔性地基处理的，但是也有些是刚性地基。这里就是要分析集中塔筒，分别对底部设置柔性地基和刚度地基，来看它们的频率有什么差异。

在实际工程中，很难精确测出地基刚度，必然会存在一定的误差。如果忽略地基土的弹性作用，对塔筒整体结构进行动力特性分析，得到的结果将会和弹性地基有较大的误差。

这里对地基土刚度与风机整体结构的固有频率关系进行研究,可以为风机塔筒的设计提供参考资料。对风机底部竖向进行位移约束,水平刚度的变化范围为 $0.5 \sim 5.0$ N/m,取前四阶固有频率,进行画图分析。

下面以 R220－T220－B300－UHC120 塔筒进行计算分析,现在平动刚度取 2.0×10^9 N/m,转动刚度取 7.9×10^{10} N·m/rad。分别变动水平 X 向刚度、竖向 Z 向刚度和绕 X 轴转动刚度,通过 ABAQUS 有限元软件来计算风机塔筒的频率。

(1)水平刚度的变化。

在随着 X 向地基刚度变化时,UHPC 塔筒前六阶固有频率的变化如表 6.9 所示。

表 6.9　UHPC 塔筒不同 X 向地基刚度时的频率(Hz)

水平刚度 /($\times 10^9$N·m^{-1})	一阶频率	二阶频率	三阶频率	四阶频率	五阶频率	六阶频率
0.5	0.197 44	0.198 16	0.786 74	0.795 09	2.256 8	2.340 1
1.0	0.197 55	0.198 16	0.790 63	0.795 09	2.300 8	2.340 1
1.5	0.197 59	0.198 16	0.791 93	0.795 09	2.315 1	2.340 1
2.0	0.197 61	0.198 16	0.792 57	0.795 09	2.322 2	2.340 1
2.5	0.197 62	0.198 16	0.792 96	0.795 09	2.326 4	2.340 1
3.0	0.197 63	0.198 16	0.793 22	0.795 09	2.329 2	2.340 1

根据表 6.9 中的数据,可以作出风电塔筒前四阶的固有频率变化,如图 6.19 所示。

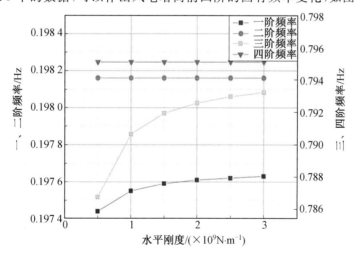

图 6.19　UHPC 塔筒频率随地基水平刚度的变化规律

根据上述的振型描述结果可知:一阶、二阶、三阶频率分别是 X 方向的弯曲,二阶、四阶、六阶分别是 Y 方向的弯曲。通过表 6.9 可以看出,当 X 向的刚度发生改变时,对 Y 方向的振型没有影响,对 Y 方向振型所对应的自振频率也没有影响。

通过图 6.19 可以得到:当 X 方向的刚度改变时,一阶频率逐渐增大,但是当刚度过大时,频率的增幅将变缓,说明刚度很大时几乎和固定条件产生的频率相近。同时,当水平刚度发生改变时,它对高阶频率的影响较大,对低阶频率的影响较小。

（2）竖向刚度的变化。

在随着 Z 向地基刚度变化时,UHPC 塔筒前六阶固有频率的变化如表 6.10 所示。

表 6.10　UHPC 塔筒不同 Z 向地基刚度时的频率(Hz)

竖向刚度 /($\times 10^9$ N·m^{-1})	一阶频率	二阶频率	三阶频率	四阶频率	五阶频率	六阶频率
0.5	0.197 61	0.198 16	0.792 55	0.795 09	2.308 5	2.340 1
1.0	0.197 61	0.198 16	0.792 57	0.795 09	2.320 2	2.340 1
1.5	0.197 61	0.198 16	0.792 57	0.795 09	2.321 6	2.340 1
2.0	0.197 61	0.198 16	0.792 57	0.795 09	2.322 2	2.340 1
2.5	0.197 61	0.198 16	0.792 57	0.795 09	2.322 5	2.340 1
3.0	0.197 61	0.198 16	0.792 57	0.795 09	2.322 6	2.340 1

根据表 6.10 中的数据,可以作出风电塔筒前四阶的固有频率变化,如图 6.20 所示。

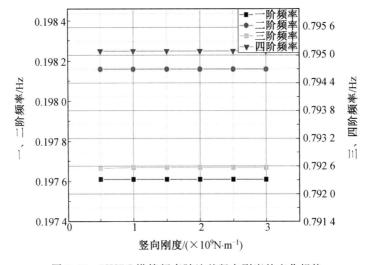

图 6.20　UHPC 塔筒频率随地基竖向刚度的变化规律

根据上述振型描述,前四阶振型分别是 X 方向一阶弯曲,Y 方向一阶弯曲,X 方向二阶弯曲,Y 方向二阶弯曲。即风机塔筒的振型均位于 X 和 Y 方向上。

通过图 6.20 可以看出,当竖向(Z 向)的地基刚度发生改变时,它对 X 和 Y 方向上的低阶频率没有影响。即随着竖向刚度的增加,风机塔筒的前四阶自振频率不变。当塔筒地基竖向刚度变化时,风机的低阶自振频率完全不变,说明地基的竖向刚度对风机自振频率变化几乎没有影响。

（3）转动刚度的变化。

原风机厂家提供的转动刚度为 7.9×10^{10} GN·m/rad,这里以此数值为基点,分别取地基刚度为 60、70、90、100 和 110 GN·m/rad 时,通过 ABAQUS 有限元软件计算风机塔筒的前六阶频率,其数据如表 6.11 所示。

表 6.11　UHPC 塔筒不同 X 方向地基转动刚度时的频率(Hz)

转动刚度 /(×10⁹ N·m·rad⁻¹)	一阶频率	二阶频率	三阶频率	四阶频率	五阶频率	六阶频率
60	0.191 28	0.197 61	0.769 35	0.792 57	2.298 0	2.322 2
70	0.195 29	0.197 61	0.783 89	0.792 57	2.321 3	2.322 2
79	0.197 61	0.198 16	0.792 57	0.795 09	2.322 2	2.340 1
90	0.197 61	0.201 00	0.792 57	0.806 85	2.322 2	2.360 8
100	0.197 61	0.203 11	0.792 57	0.816 06	2.322 2	2.377 6
110	0.197 61	0.204 88	0.792 57	0.824 14	2.322 2	2.392 9

根据表 6.11 中的数据,可以作出风电塔筒前四阶的固有频率变化,如图 6.21 所示。

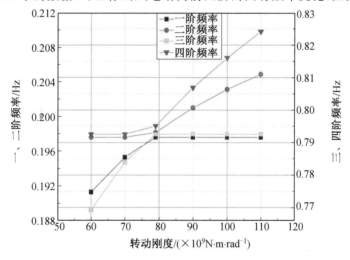

图 6.21　UHPC 塔筒频率随地基 X 轴转动刚度的变化规律

从图 6.21 可以看出,随着绕 X 轴的转动刚度增加,风机塔筒的自振频率均会增加,当转动刚度增大到 80～110 GN·m/rad 时,风机塔筒的一阶频率和三阶频率会平缓地达到一个固定值的附近,二阶频率和四阶频率将会继续增加。

5.门洞对固有频率的影响

同一种风机在不同地区、不同用途时,势必要求开不同尺寸的门洞,此时门洞口的大小由直线段长度、长轴半径和短轴半径唯一确定,门洞口的尺寸组成如图 6.22 所示。

因为风机塔筒必有门洞,所以显然这里要设置门洞。所以分析不开洞口的风机塔筒是没有意义的,门洞从损伤的角度来说,是对截面的一种削弱,在静力学分析时,塔筒底端设置门洞,会造成门洞局部的应力集中,一般会在门洞口位置附近出现较大的拉应力,造成结构的局部开裂,对塔筒结构的耐久性将会造成不利的影响。同时开设门洞会对塔筒局部的强度造成影响。

显然,为了设备的运输以及人员进出塔筒,必然要在底部开设门洞。所以这里不分析塔筒底端不设门洞的情况。基于上述因素,这里有必要讨论开设门洞口对结构的自振频率是否造成影响,以及门洞洞口的大小、门框厚度对固有频率的影响。默认的门洞尺寸为:直线段长度 $H_s = 2.1$ m,长轴半径 $H_v = 0.65$ m,短轴半径 $H_h = 0.65$ m,底部导角半径 $R = 0.1$ m。

门洞示意图如图 6.22 所示。

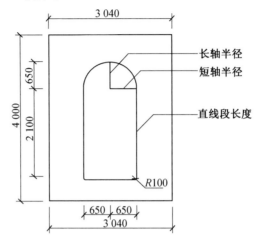

图 6.22　UHPC 塔筒门洞示意图(单位:mm)

根据有限元计算数据,当直线段长度 H_s 改变时,得到如表 6.12 所示的 UHPC 塔筒前六阶固有频率变化。

表 6.12　UHPC 塔筒直线段长度改变时的频率(Hz)

H_s/m	一阶频率	二阶频率	三阶频率	四阶频率	五阶频率	六阶频率
1.9	0.197 62	0.198 15	0.792 53	0.794 97	2.322 2	2.340 3
2.0	0.197 61	0.198 15	0.792 48	0.794 96	2.322 1	2.340 1
2.1	0.197 60	0.198 15	0.792 43	0.794 95	2.322 0	2.339 9
2.2	0.197 58	0.198 15	0.792 38	0.794 94	2.321 9	2.339 8
2.3	0.197 57	0.198 15	0.792 33	0.794 92	2.321 8	2.339 5

根据有限元计算数据,当长轴半径 H_v 改变时,得到如表 6.13 所示的 UHPC 塔筒前六阶固有频率变化。

表 6.13　UHPC 塔筒长轴半径改变时的频率(Hz)

H_v/m	一阶频率	二阶频率	三阶频率	四阶频率	五阶频率	六阶频率
0.45	0.197 61	0.198 15	0.792 50	0.794 96	2.322 1	2.340 2
0.55	0.197 60	0.198 15	0.792 43	0.794 95	2.322 0	2.339 9
0.65	0.197 60	0.198 15	0.792 43	0.794 95	2.322 0	2.339 9
0.75	0.196 47	0.198 12	0.789 08	0.794 79	2.318 9	2.335 8
0.85	0.196 47	0.198 12	0.789 08	0.794 79	2.318 9	2.335 6

根据有限元计算数据,当短轴半径 H_h 改变时,得到如表 6.14 所示的 UHPC 塔筒前六阶固有频率变化。

表 6.14　UHPC 塔筒短轴半径改变时的频率(Hz)

H_h/m	一阶频率	二阶频率	三阶频率	四阶频率	五阶频率	六阶频率
0.45	0.196 45	0.198 12	0.789 00	0.794 82	2.318 8	2.336 5
0.55	0.196 45	0.198 12	0.788 99	0.794 81	2.318 8	2.336 2
0.65	0.197 60	0.198 15	0.792 43	0.794 95	2.322 0	2.339 9
0.75	0.196 44	0.198 12	0.788 98	0.794 78	2.318 8	2.335 5
0.85	0.196 44	0.198 12	0.788 97	0.794 76	2.318 8	2.335 0

根据表 6.12、表 6.13 和表 6.14 中的数据分析可得:洞口尺寸发生改变时,必然伴随着直线段长度、长轴半径、短轴半径的改变。从上面的三个表格可以看出,在保证其他因素不变的前提下,单一地改变上述条件,对风机塔筒整体的自振频率几乎没有影响。

在运用到工程实践中时,如果有特殊要求,需要开设大的洞口尺寸时,此时将不必考虑由于洞口尺寸改变而造成的风机塔筒整体自振频率的改变。

6.2　塔筒稳定性(屈曲)分析

6.2.1　屈曲因子分析基本原理

特征值屈曲分析用于塔筒结构在指定的载荷作用下的屈曲因子和屈曲模态。

采用 ABAQUS 有限元软件对塔筒结构进行特征值屈曲分析,首先对塔筒施加预应力,作为初始结构状态,在载荷的分析步上面施加轴向载荷,在此基础上计算结构的屈曲因子。

根据以下理论来分析塔筒结构的线性屈曲,设弹性体的应变能为 U,总势能为 P,则有

$$P = U - \boldsymbol{\gamma}^T \boldsymbol{u} \tag{6.7}$$

式中　$\boldsymbol{\gamma}$——节点载荷向量(矢量);

　　　$\boldsymbol{u}$——节点位移向量(矢量);

　　　$\boldsymbol{\gamma}^T$——对顶节点载荷矢量的转置。

式(6.7)的平衡方程可由 P 的一阶变分 δP 求得

$$\delta P = \delta U - \boldsymbol{\gamma}^T \delta \boldsymbol{u} = 0 \tag{6.8}$$

将 U 分解为位移 $\boldsymbol{u}$ 的线性项 U_L 和非线性项 U_N,即

$$U = U_L + U_N \tag{6.9}$$

将式(6.9)代入式(6.8)中得到

$$\delta U_L + \delta U_N - \boldsymbol{\gamma}^T \delta \boldsymbol{u} = 0 \tag{6.10}$$

$$\delta U_L = \delta \boldsymbol{u}^T K_0 \boldsymbol{u} \tag{6.11}$$

$$\delta U_{\text{N}} = \delta \boldsymbol{u}^{\text{T}} \left(\frac{\partial U_{\text{N}}}{\partial u} \right) \tag{6.12}$$

将式（6.12）及式（6.11）代入式（6.10）中，得到如下平衡方程：

$$\boldsymbol{K}_0 \boldsymbol{u} + \left(\frac{\partial U_{\text{N}}}{\partial u} \right) - \boldsymbol{\gamma} = 0 \tag{6.13}$$

式（6.14）所代表的结构是否稳定，可以由 P 的二阶变分的正负号来判别，即

$$\delta^2 P = \delta \boldsymbol{u}^{\text{T}} \boldsymbol{K}_0 \delta \boldsymbol{u} + \delta \boldsymbol{u}^{\text{T}} \left(\frac{\partial^2 U_{\text{N}}}{\partial u^2} \right) \delta \boldsymbol{u} \tag{6.14}$$

$$\frac{\partial^2 U_{\text{N}}}{\partial u^2} = \boldsymbol{K}_\sigma + \boldsymbol{K}_\varepsilon \tag{6.15}$$

$$\delta^2 P = \delta \boldsymbol{u}^{\text{T}} (\boldsymbol{K}_0 + \boldsymbol{K}_\sigma + \boldsymbol{K}_\varepsilon) \delta \boldsymbol{u} = \delta \boldsymbol{u}^{\text{T}} \boldsymbol{K} \delta \boldsymbol{u} \tag{6.16}$$

式中　　$\boldsymbol{K}_0$——线性刚度矩阵；

　　　　$\boldsymbol{K}_\sigma$——单元的应力刚度矩阵；

　　　　$\boldsymbol{K}_\varepsilon$——单元的应变刚度矩阵；

　　　　$\boldsymbol{K}$——总刚度矩阵。

对于位移的虚变分 $\delta \boldsymbol{u}$，要使结构稳定，$\delta^2 P$ 必须大于 0，总刚度矩阵的行列式值为正。当 K 的行列式值等于零时，系统处于临界屈曲状态。

基于小变形的线性理论，根据屈曲失稳的定义，塔筒结构发生屈曲时，如果载荷出现微量变化，塔筒结构整体位移发生较大的改变，此时增量单元的有限元平衡方程为

$$(\boldsymbol{K}_0 + \boldsymbol{K}_\sigma + \boldsymbol{K}_\varepsilon) \{\Delta u\} = 0 \tag{6.17}$$

式 6.17 中 $\{\Delta u\}$ 为节点的位移增量，显然若上式有非零解，必然有

$$\boldsymbol{K}_0 + \boldsymbol{K}_\sigma + \boldsymbol{K}_\varepsilon = 0 \tag{6.18}$$

假设风机塔筒结构屈曲之前处于平衡状态，则上式中 $K_\varepsilon = 0$。则式（6.18）改写成特征值形式的方程

$$(\boldsymbol{K}_0 + \lambda_i \boldsymbol{K}_\sigma) \boldsymbol{\psi}_i = 0 \tag{6.19}$$

式中　　λ_i——屈曲特征值；

　　　　$\boldsymbol{\psi}_i$——屈曲特征向量。

屈曲特征值或屈曲因子与实际载荷的缩放系数相对应，所以屈曲载荷等于屈曲因子乘实际载荷。屈曲因子 $\lambda_i > 1$，代表增大载荷可使结构失稳；屈曲因子 $\lambda_i < 1$，实际载荷大于屈曲载荷；屈曲因子为负值说明实际载荷反向可以使结构失稳。特征向量即屈曲模态，也就是结构发生分支点失稳时的变形形状。线性屈曲分析的特征值求解过程与上面的模态分析中固有频率的求解方法类似，用向量迭代法即可。

6.2.2　C80 和 UHPC 塔筒的屈曲分析

这里分析 C80 塔筒和 UHC120 塔筒的屈曲临界载荷，主要分析六种壁厚的 UHPC 塔筒。由于是研究线性屈曲，这里对模型加载 10^6 N，最后的屈曲临界载荷为所施加载荷与屈曲特征值的乘积。加载位置为 $(-2.38, 0, 156.7)$，即只让偏心出现在 X 轴方向上，下一步可以让偏心出现在 Y 轴方向上。在顶部均作用有 240 t 的风机，将其换算成集中力作用在上面，作用点的位置都是一样的，作用点坐标为 $(-2.38, 0, 156.7)$。预应力分析

步,重力分析步,屈曲分析步,其中,轴向力必须加在屈曲分析步中,否则会报错。在对塔筒施加屈曲载荷后,得到两塔筒的一阶屈曲示意图,如图 6.23 所示。

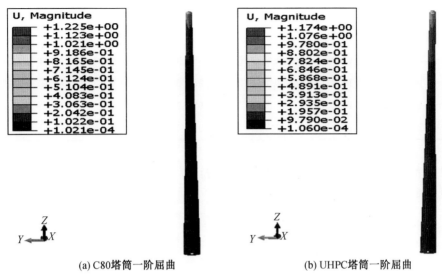

(a) C80塔筒一阶屈曲　　　　　　　　　　(b) UHPC塔筒一阶屈曲

图 6.23　两塔筒的一阶屈曲示意图(彩图见附录)

6.2.3　屈曲的影响因素分析

1. 壁厚对屈曲临界载荷的影响

六种变壁厚 UHPC 塔筒清单表如表 6.15 所示。

表 6.15　六种变壁厚 UHPC 塔筒清单表

模型型号	t_R/mm	t_T/mm	t_B/mm
R150－T80－B300	150	80	300
R150－T100－B300	150	100	300
R150－T120－B300	150	120	300
R150－T150－B300	150	150	300
R180－T180－B300	180	180	300
R220－T220－B300	220	220	300

根据上述变厚度的 UHPC 塔筒模型,这里分别对其进行屈曲特征值求解,得到六种变壁厚塔筒的前六阶屈曲特征值,如表 6.16 所示。

表 6.16　不同壁厚的 UHPC 塔筒前六阶屈曲特征值

壁厚方案	一阶特征值	二阶特征值	三阶特征值	四阶特征值	五阶特征值	六阶特征值
R150－T80－B300	16.735 57	27.742 15	27.955 46	28.089 43	28.131 22	28.325 12
R150－T100－B300	16.735 78	27.742 15	27.955 21	28.089 21	28.131 42	28.325 43
R150－T120－B300	16.735 95	27.742 15	27.955 20	28.089 12	28.131 24	28.325 45
R150－T150－B300	16.736 25	27.742 15	27.955 24	28.089 20	28.131 38	28.325 37
R180－T180－B300	16.736 76	27.742 15	27.955 21	28.089 13	28.131 25	28.325 42
R220－T220－B300	16.737 18	27.742 15	27.955 21	28.089 25	28.131 41	28.325 43

　　根据表 6.16 不同壁厚 UHPC 塔筒模型的计算结果,可以得到塔筒临界载荷随壁厚组合值的变化规律,如图 6.24 所示。

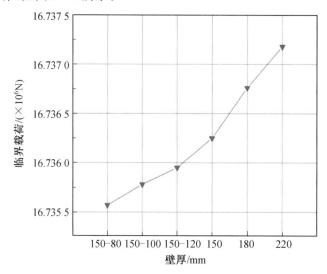

图 6.24　UHPC 塔筒的屈曲临界载荷随壁厚的变化规律

　　由图 6.24 可以看出:随着壁厚的增加,塔筒的临界载荷逐渐增加,同时当截面均匀变化时,塔筒的临界载荷随壁厚近似呈线性的变化规律。即当塔筒的临界载荷不满足要求时,可以采用增加塔筒壁厚的方案,这样可以显著增加塔筒的屈曲临界载荷。

2. 门洞对于屈曲临界载荷的影响

　　在分析门洞尺寸对于屈曲临界载荷的影响时,这里分别改变门洞直线段长度 H_s、长轴半径 H_v 和短轴半径 H_h 的数值。模型的初始值为 $H_s = 2.1$ m,$H_v = 0.65$ m,$H_h = 0.65$ m。

　　保证其他条件不变,仅改变直线段长度时,可以得到 R220－T220－B300－UHC120 塔筒的前六阶屈曲特征值,如表 6.17 所示。

表 6.17　UHPC 塔筒在直线段长度改变时的屈曲特征值

H_s/m	一阶特征值	二阶特征值	三阶特征值	四阶特征值	五阶特征值	六阶特征值
1.9	16.737 18	27.742 17	27.955 27	28.089 24	28.131 52	28.325 23
2.0	16.737 18	27.742 15	27.955 22	28.089 13	28.131 27	28.325 39
2.1	1.673 718	2.774 215	2.795 521	2.808 925	2.813 141	2.832 543
2.2	1.673 718	2.774 215	2.795 521	2.808 913	2.813 138	2.832 542
2.3	1.673 718	2.774 215	2.795 521	2.808 913	2.813 138	2.832 542

同理,保证直线段长度和短轴半径不变,在改变长轴半径时,可以得到 R220－T220－B300－UHC120 塔筒的前六阶屈曲特征值,如表 6.18 所示。

表 6.18　UHPC 塔筒在长轴半径改变时的屈曲特征值

H_v/m	一阶特征值	二阶特征值	三阶特征值	四阶特征值	五阶特征值	六阶特征值
0.45	16.737 18	27.742 15	27.955 33	28.089 15	28.131 40	28.325 44
0.55	16.737 18	27.742 15	27.955 22	28.089 20	28.131 41	28.325 36
0.65	16.737 18	27.742 15	27.955 21	28.089 14	28.131 25	28.325 36
0.75	16.737 17	27.742 15	27.955 21	28.089 26	28.131 23	28.325 42
0.85	16.737 17	27.742 15	27.955 20	28.089 12	28.131 23	28.325 40

最后保证直线段长度和长轴半径不变,在改变短轴半径时,可以得到 R220－T220－B300－UHC120 塔筒的前六阶屈曲特征值,如表 6.19 所示。

表 6.19　UHPC 塔筒在短轴半径改变时的屈曲特征值

H_h/m	一阶特征值	二阶特征值	三阶特征值	四阶特征值	五阶特征值	六阶特征值
0.45	16.737 17	27.742 16	27.955 23	28.089 25	28.131 44	28.325 37
0.55	16.737 17	27.742 15	27.955 26	28.089 16	28.131 31	28.325 44
0.65	16.737 17	27.742 15	27.955 21	28.089 41	28.131 41	28.325 43
0.75	16.737 17	27.742 16	27.955 21	28.089 48	28.131 46	28.325 44
0.85	16.737 17	27.742 15	27.955 21	28.089 27	28.131 27	28.325 41

从表 6.17、表 6.18 和表 6.19 可以看出:在正常运行的条件下,当门洞口尺寸改变时,风机塔筒的屈曲临界载荷几乎不变,即门洞口的尺寸对塔筒的临界载荷无影响。

6.2.4　频率和屈曲基本规律

本部分运用 ABAQUS 软件对 H160 塔筒的模态和屈曲特性进行有限元分析。首先,相较于无普通钢筋的 UHPC 塔筒,配有普通钢筋的 C80 塔筒的各阶自振频率都要偏大。

其次,探究了风机塔筒固有频率的影响因素,分别是塔筒壁厚、顶部质量和位置、底部

约束和门洞口大小,研究表明:

(1)随着壁厚值的增加,塔筒的一、二阶频率逐渐增加,三、四阶频率逐渐降低。

(2)随着顶部质量的变化,C80 塔筒和 UHPC 塔筒的前四阶频率数值几乎相等,但 C80 塔筒的各阶频率略大于 UHPC 塔筒。此外,在顶部质量以及其他条件不变的前提下,随着顶部质量的增大,风电塔筒各阶频率逐渐减小,其变化规律近似指数分布。

(3)随着顶部质量块偏心距的增大,风机塔筒的各阶固有频率逐渐减小。

(4)根据振型的结果可知:一阶、二阶和三阶振型分别是 X 方向的弯曲,二阶、四阶和六阶振型分别是 Y 方向的弯曲。当 X 向的刚度发生改变时,对 Y 方向的振型没有影响,对 Y 方向振型所对应的自振频率也没有影响。随着 X 方向的刚度改变,一阶频率逐渐增大,但是当刚度过大时,频率的增幅将变缓,说明刚度很大时几乎和固定条件产生的频率相近。同时,水平刚度发生改变对高阶频率的影响较大,对低阶频率的影响较小。

(5)当底层门洞口尺寸改变时,风机塔筒的各阶频率几乎不变,说明如果改变塔筒底层门洞的尺寸大小,塔筒各阶固有频率变化不大。

最后,分析了各种塔筒的屈曲临界载荷,探究了塔筒屈曲载荷的影响因素,这里主要分析壁厚和门洞口尺寸对于临界载荷的影响。主要结论如下:

(6)随着壁厚的增加,塔筒的屈曲临界载荷逐渐增加。

(7)当门洞口尺寸改变时,即无论改变直线段长度、长轴半径、短轴半径,风机塔筒的屈曲特征值几乎不变,说明门洞口的大小对屈曲特征值影响不大。

6.3　水平接缝截面主应力

针对超高高度风电装配式混合塔筒水平拼接缝应力验算问题,本部分首先基于弹性理论,研究提出了主应力验算的理论实用表达式及其各计算分项表达式。基于 ABAQUS 软件,对风电装配式塔筒在正常运行下的水平截面应力验算实用理论表达和有限元分析进行了研究。通过对塔筒单独施加预应力、预应力＋轴力、预应力＋弯矩等组合,分析了水平拼接接界面附近的应力场分布规律。在 C80 钢筋混凝土塔筒应力分析基础上,对比分析了预应力 UHPC 无筋塔筒的主应力分布规律和差异,分析了主应力的主要影响参数,包括预应力度、弯剪比、剪扭比等。最后对比分析了理论实用验算方法与有限元分析结果,验证所提理论实用算法的精度。

6.3.1　水平接缝截面正应力

1. 水平截面正应力

在塔筒正常运行期间,由于重力以及风机运行载荷作用,截面受拉侧和受压侧的正应力可以分别表达为

$$\begin{cases} \sigma_{z,t} = \sigma_{Mz} - \sigma_{pc} - \sigma_{Fz} \\ \sigma_{z,c} = -\sigma_{Mz} - \sigma_{pc} - \sigma_{Fz} \end{cases} \tag{6.20}$$

式中　　σ_{Fz}——竖向集中载荷产生的正应力,$\sigma_{Fz} = F_z/A_0$;

F_z—— 竖向集中载荷；

A_0—— 截面的换算面积；

σ_{Mz}—— 弯矩作用产生的正应力，$\sigma_{Mz}=My/I_0$；

y—— 圆环截面最外边缘到中性轴的距离；

I_0—— 截面的换算惯性矩，应将钢筋等效成混凝土来计算；

σ_{pc}—— 预应力筋张拉在截面上产生的正应力，$\sigma_{pc}=\sigma_{pe}A_p/A_n$；

A_p—— 预应力筋的截面积；

A_n—— 截面净截面面积，用总面积扣除预应力筋孔洞的面积；

σ_{pe}—— 有效预应力。

2. 水平截面开裂弯矩 M_{cr} 的计算

在塔筒的水平截面，只有弯矩 M、竖向集中载荷 F_p，以及预应力筋作用会产生正应力。当 $\sigma_{Mz}=\sigma_{Fz}+\sigma_{pc}$ 时，截面边缘处的拉应力恰好为零，如图 6.25 所示。

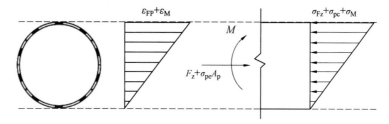

图 6.25　截面消压时塔筒水平截面受力图

得到接缝截面开裂弯矩表达式为

$$M_{cr}=(\sigma_{Fz}+\sigma_{pc})W_0 \tag{6.21}$$

式中　　W_0—— 计算截面等效模量（钢筋等效成混凝土面积）。

6.3.2　水平接缝截面剪应力

对于常规塔筒（壁厚 220 mm、外径 8 m），可以近似认为薄壁圆环计算模型。剪、扭单独作用下产生的剪应力如图 6.26 所示。

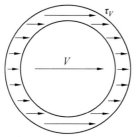 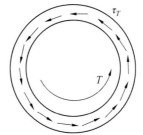

(a) 剪力作用下的截面剪应力流　　　(b) 扭矩作用下的截面剪应力流

图 6.26　剪扭作用产生的剪应力

剪力作用下的截面最大剪应力可以表达为

$$\tau_{V,\max}=\frac{VS_z^*}{2I_z t} \tag{6.22}$$

式中

$$S_z^* = \frac{2}{3}\left(R + \frac{t}{2}\right)^3 - \frac{2}{3}\left(R - \frac{t}{2}\right)^3 = 2R^2 t + \frac{t^3}{6} \approx 2R^2 t \tag{6.23}$$

$$I_z = \frac{\pi}{4}\left(R + \frac{t}{2}\right)^4 - \frac{\pi}{4}\left(R - \frac{t}{2}\right)^4 = \pi R^3 t + \frac{\pi}{4} R t^3 \approx \pi R^3 t \tag{6.24}$$

将式(6.23)和式(6.24)代入式(6.22),得到剪力作用下的截面最大剪应力为

$$\tau_{V,\max} = \frac{2V}{A} \tag{6.25}$$

扭矩作用下截面的剪应力如图 6.26(b) 所示,显然扭矩产生的剪应力在圆环内外两侧不相等,由于壁厚很薄,近似认为内外两侧的剪应力分布相等,即扭矩产生的剪应力计算公式如下:

$$\tau_T = \frac{T}{W_t} \tag{6.26}$$

这样,就得到剪、扭共同作用下相应的截面最大剪应力为

$$\tau_{VT,\max} = \tau_{V,\max} + \tau_T = \frac{2V}{A} + \frac{T}{W_t} \tag{6.27}$$

为了保守起见,在主应力验算时用最大剪应力 $\tau_{VT,\max}$ 近似作为截面的计算剪应力。根据《混凝土结构设计规范》(GB 50010—2010),在正常运行工况下预应力混凝土塔筒截面应力验算需满足

$$\sigma_{tp} \leqslant \beta_t f_{tk}, \quad \sigma_{cp} \leqslant \beta_c f_{ck} \tag{6.28}$$

在组合弯矩作用下,塔筒受拉侧的控制应力为主拉应力,塔筒受压侧的控制应力为主压应力,计算表达式分别为

$$\left.\begin{array}{c}\sigma_{tp,t}\\\sigma_{cp,t}\end{array}\right\} = \frac{1}{2}\left(\frac{My}{I_0} - \frac{F_z}{A_0} - \sigma_{pc}\right) \pm \frac{1}{2}\sqrt{\left(\frac{My}{I_0} - \frac{F_z}{A_0} - \sigma_{pc}\right)^2 + 4\left(\frac{2V}{A_0} + \frac{T}{W_t}\right)^2} \tag{6.29}$$

$$\left.\begin{array}{c}\sigma_{tp,c}\\\sigma_{cp,c}\end{array}\right\} = \frac{1}{2}\left(-\frac{My}{I_0} - \frac{F_z}{A_0} - \sigma_{pc}\right) \pm \frac{1}{2}\sqrt{\left(-\frac{My}{I_0} - \frac{F_z}{A_0} - \sigma_{pc}\right)^2 + 4\left(\frac{2V}{A_0} + \frac{T}{W_t}\right)^2} \tag{6.30}$$

式中　　$\sigma_{tp,t}$ 和 $\sigma_{cp,t}$ ——分别是塔筒受拉侧的主拉应力和主压应力;

　　　　$\sigma_{tp,c}$ 和 $\sigma_{cp,c}$ ——分别是受压侧的主拉应力和主压应力。

6.3.3　主应力影响因素分析

1. 张拉控制应力影响

预应力张拉控制应力用 $\lambda_p f_{ptk}$ 表示。下面,考察四种张拉控制应力水平系数 λ_p 分别为 60%、65%、70% 和 75%。根据式(6.29)和式(6.30),分别求出每种预应力度对应的主压应力和主拉应力,计算过程中考虑预应力损失,结果如图 6.27 所示。

计算结果表明:在同一预应力度的条件下,在底标高 0 m 和顶层标高 110.5 m 处主压应力较小,因为在预应力筋张拉时,两端的预应力损失最多,所以预应力筋的有效应力较小,最终使得两端的压应力较小。在其他位置处,主压应力的整体变化趋势为:随着高

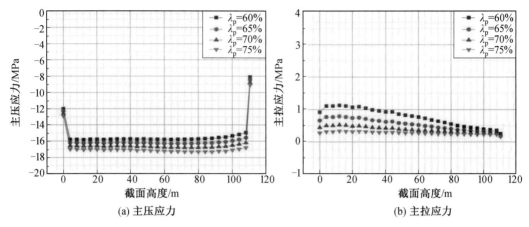

(a) 主压应力　　　　　　　　　　　　　　　(b) 主拉应力

图 6.27　主应力随预应力度的变化规律

度的增加,主压应力先增大再减小。但总体变化趋势不大,即接近于一个常量。主拉应力也呈现先增大后减小的趋势。

在不同预应力度调节下,随着预应力度的增加,主压应力逐渐增加,并且在同一截面标高处的增加量接近一个常量。主拉应力逐渐减小,并且随着预应力度的增加,在同一截面标高处减小的趋势变慢。通过对比主压应力和主拉应力的变化图可以看到,随着预应力度的变化,沿塔筒高度方向最大主压应力发生在塔筒标高 72.0～88.0 m 范围。最大主拉应力发生在塔筒标高 4.0～24.0 m 范围。

2. 弯剪比的影响

塔筒结构实际受力状态,是弯矩和剪力共同作用下的复合受力状态。定义截面弯剪比 $\lambda(h)$ 和剪扭比 $\zeta(h)$,考察弯剪比、剪扭比内力参数对水平接缝截面主应力的影响,对于优化结构,调整内力分布提供科学依据。

$$\lambda(h) = \frac{M(h)}{V(h)h} \tag{6.31}$$

$$\zeta(h) = \frac{V(h)h}{T(h)} \tag{6.32}$$

式中　$M(h)$、$V(h)$ 和 $T(h)$——分别是 h 标高处截面的弯矩值、剪力值、扭矩值。

分别通过改变截面弯矩值,得到四种弯剪比取值,分别是 $0.8\lambda(h)$、$1.0\lambda(h)$、$1.2\lambda(h)$ 和 $1.5\lambda(h)$,计算得到各截面标高处主应力的变化规律,如图 6.28 所示。计算结果表明,在相同弯剪比的条件下,主压应力在底层和顶层标高处较小,在其余截面标高处,主压应力的变化不明显。主拉应力则是先增大后减小。在同一截面标高处,随着弯剪比增大,主压应力和主拉应力都逐渐增大。

通过改变剪力设计值,同样得到四种弯剪比分别为 $0.8\lambda(h)$、$1.0\lambda(h)$、$1.2\lambda(h)$ 和 $1.5\lambda(h)$,得到各截面标高处主应力的变化规律如图 6.29 所示。计算结果表明,同一截面剪力值变化,截面弯剪比相应改变,此时主压应力变化不显著;随着剪力减小,主拉应力逐渐减小,但主拉应力水平很小。

通过对比图 6.28 和图 6.29 可见,在同一截面标高处,随着弯剪比改变,弯矩改变要

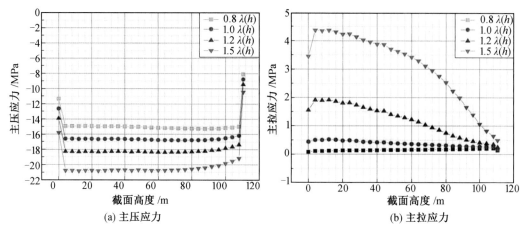

(a) 主压应力　　　　　　　　　　(b) 主拉应力

图 6.28　主应力随弯剪比的变化规律（M 变化）

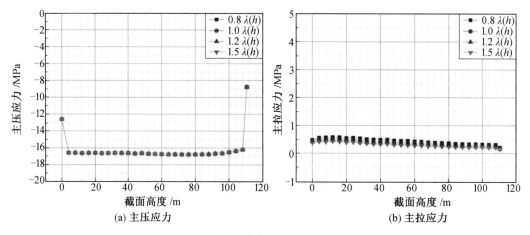

(a) 主压应力　　　　　　　　　　(b) 主拉应力

图 6.29　主应力随弯剪比的变化规律（V 变化）

比剪力改变对主压应力和主拉应力的变化更为显著。即相对于剪力，弯矩对截面应力起控制作用。

3. 剪扭比对主应力的影响

计算得到沿塔筒高度方向主应力随剪扭比（剪力变化）的变化曲线结果如图 6.30 所示。计算结果表明，在相同剪扭比条件下，随着截面高度增加，主压应力先增大后减小。同时在剪力变化的条件下，剪扭比的变化对主压应力的影响较小。在同一截面标高处，随着剪扭比的增加，主压应力几乎不变，主拉应力则逐渐增大。即剪扭比变化主要影响主拉应力，对主压应力的影响较小。

计算得到沿塔筒高度方向主应力随剪扭比（扭矩变化）的变化曲线结果如图 6.31 所示。计算结果表明，扭矩变化导致剪扭比变化时，在相同剪扭比条件下，随着截面高度的增加，主压应力先增大后减小。同时，剪扭比的变化对主压应力的影响较小。在同一截面标高处，随着剪扭比的增加，主压应力几乎不变，主拉应力则逐渐减小。因此，剪扭比变化主要影响主拉应力，对主压应力的影响较小。

由图 6.30 和图 6.31 结果对比可见，无论剪力还是扭矩改变而导致剪扭比的变化，剪

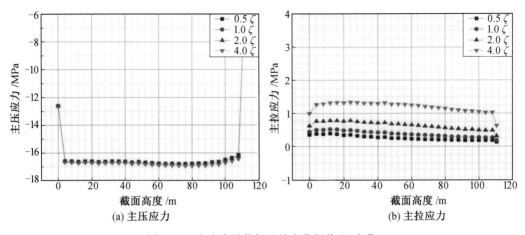

(a) 主压应力　　　　　　(b) 主拉应力

图 6.30　主应力随剪扭比的变化规律(V 变化)

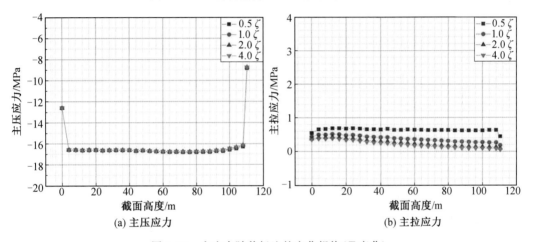

(a) 主压应力　　　　　　(b) 主拉应力

图 6.31　主应力随剪扭比的变化规律(T 变化)

扭比对主压应力的影响都很小,而其对主拉应力的影响相对较大。剪力变化对主应力的影响要稍大于扭矩对主应力的影响。

6.4　同 H140 塔筒应力对比分析

6.4.1　有限元模型建立

1.材料参数

考察分析了两种工程结构材料,分别是 C80 混凝土、UHC120 级 UHPC。钢筋采用 HRB400 级普通热轧钢筋和高强预应力钢绞线,其中钢绞线为 1×7 预应力钢绞线,每束 6 根。建立 H140/C80、H140/UHC120 两个模型,其中 H140/C80 采用钢筋和 C80 混凝土,H140/UHC120 取消非预应力主筋。材料计算参数如表 6.20 所示。

表 6.20　材料计算参数

材料类别	弹性模量 /MPa	泊松比	质量密度 /(kg·m⁻³)	屈服强度 /MPa	膨胀系数 /℃⁻¹
C80	3.8×10^4	0.2	2 400		
UHC120	4.0×10^4	0.3	2 400		
HRB400	2.0×10^5	0.3	7 850	360	1.2×10^{-5}
预应力钢绞线 1×7	1.95×10^5	0.3	7 850	3.6×10^8	1.2×10^{-5}

2. 接触关系设置

普通钢筋分为纵筋和环筋,本部分采用"嵌入式(Embedded element)方法"来模拟塔筒构件钢筋和混凝土的协同关系,"嵌入式法"假定钢筋单元与混凝土单元之间没有相对位移。

由于实际塔筒结构在施工时会在接缝截面涂抹结构胶,接缝处结构胶的抗拉强度要大于其他部位的抗拉强度。所以这里采用整体建模的方式,即 M02～M27 采用同一整体。M01 和 M02 采用 Tie 绑定,同时 M27 和 M28 也采用 Tie 绑定。塔筒预应力钢筋也采用"嵌入式法"来模拟预应力筋和塔筒构件的协同关系。

3. 边界条件

假定风机塔筒和基础为完全固定的。为避免塔筒顶部因应力集中产生局部破坏,在其顶部设置了一个 10 cm 厚的钢垫片,在 ABAQUS 中设为刚性约束。同时钢垫片和 M28 接触方式也为 Tie 接触。

4. 单元类型和网格划分

模型中的普通混凝土以及 UHPC,采用 8 节点六面体线性缩减积分单元(C3D8R)模拟。采用三维 2 节点线性位移桁架杆单元(T3D2)模拟钢筋。由于该结构从底部到顶部的筒径是逐渐减小的,因此采用局部布种并划分网格。塔筒壁厚在 220～460 mm 之间,沿厚度方向也划分了三个单元。底层门洞网格局部加密。

5. 预应力分段降温设置

风电塔筒各个截面标高处的预应力损失并不相等,按照传统的降温施加预应力,数值结果偏差较大。根据预应力损失理论首先计算有效预应力。采用预应力筋分段降温法,即在 ABAQUS 模型中把预应力筋每 4 m,通过基准平面进行切分,分别求得每一段预应力筋的有效预应力,然后求得相对应的降温温度。计算得到 C80 混凝土和 UHPC 中预应力筋的降温温度如表 6.21 所示。

表 6.21　预应力筋降温表

塔段	$\sigma_{p0,1}$/MPa	$\sigma_{p0,2}$/MPa	①塔筒降温/℃	②塔筒降温/℃
1	1 056.51	1 084.84	−452	−464
2	1 044.66	1 075.42	−446	−460
3	1 036.86	1 067.74	−443	−456
4	1 029.07	1 060.06	−440	−453
5	1 020.65	1 051.96	−436	−450
6	1 012.22	1 043.86	−433	−446
7	1 004.41	1 036.19	−429	−443
8	996.60	1 028.52	−426	−440
9	988.79	1 020.87	−423	−436
10	980.98	1 013.22	−419	−433
11	973.17	1 005.58	−416	−430
12	965.37	997.95	−413	−426
13	956.80	989.80	−409	−423
14	948.22	981.65	−405	−420
15	940.39	974.03	−402	−416
16	932.56	966.42	−399	−413
17	924.74	958.83	−395	−410
18	916.92	951.25	−392	−407
19	909.11	943.69	−389	−403
20	901.31	936.15	−385	−400
21	892.50	927.95	−381	−397
22	883.68	919.74	−378	−393
23	875.83	912.23	−374	−390
24	867.42	904.35	−371	−386
25	859.00	896.49	−367	−383
26	851.14	889.05	−364	−380
27	843.29	881.64	−360	−377
28	845.24	877.72	−361	−375

注：$\sigma_{p0,1}$ 为 C80 塔筒中预应力筋的消压预应力；$\sigma_{p0,2}$ 为 UHPC 塔筒中预应力筋的消压预应力；①塔筒为 C80 塔筒；②塔筒为 UHPC 塔筒。

6.4.2　计算结果

采用通用有限元软件 ABAQUS 进行静力分析，这里截取三段塔筒进行分析，分别是底层 0.0～4.0 m 门洞段、4.0～8.0 m 中间节段和顶部 104.0～110.5 m 节段。考察 C80 塔筒和 UHPC 塔筒从塔底到 110.5 m 标高范围的主拉应力、主压应力、塔筒水平位移。在正常运行工况下,塔筒材料均按弹性考虑。

1. 主拉应力结果

塔筒 0.0～4.0 m 段主拉应力对比如图 6.32 所示。

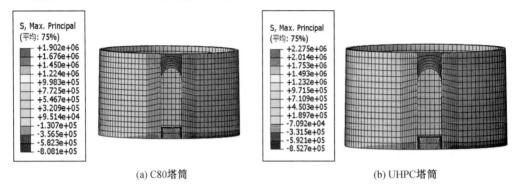

(a) C80塔筒   (b) UHPC塔筒

图 6.32 塔筒 0.0～4.0 m 段主拉应力对比(彩图见附录)

塔筒 4.0～8.0 m 段主拉应力对比如图 6.33 所示。

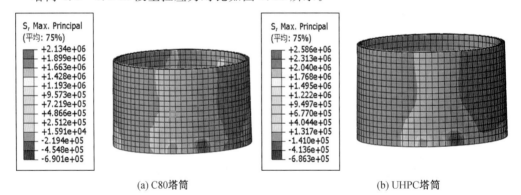

(a) C80塔筒   (b) UHPC塔筒

图 6.33 塔筒 4.0～8.0 m 段主拉应力对比(彩图见附录)

塔筒 104.0～110.5 m 段主拉应力对比如图 6.34 所示。

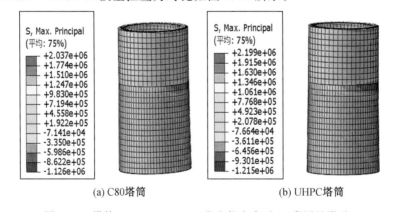

(a) C80塔筒   (b) UHPC塔筒

图 6.34 塔筒 104.0～110.5 m 段主拉应力对比(彩图见附录)

　　通过对比典型标高处 C80 塔筒和 UHPC 塔筒可知:在载荷以及塔筒几何尺寸不变的条件下,UHPC 塔筒的主拉应力要大于混凝土的主拉应力,两者的差值大约在0.5 MPa以内,与此同时,相较于传统的 C80 混凝土,UHPC 带来的抗拉强度提高要大于这个0.5 MPa的差值。从这个角度来说,UHPC 要比普通混凝土适用范围更广,也更有优势。

2. 主压应力结果

　　塔筒 0.0～4.0 m 段主压应力结果如图 6.35 所示。

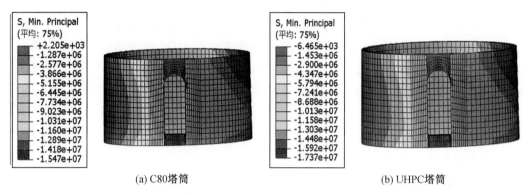

(a) C80塔筒　　　　　　　　　　　　　(b) UHPC塔筒

图 6.35　塔筒 0.0～4.0 m 段主压应力对比(彩图见附录)

　　塔筒 4.0～8.0 m 段主压应力结果如图 6.36 所示。

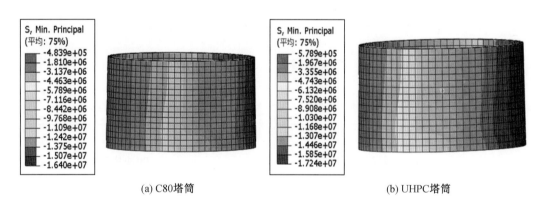

(a) C80塔筒　　　　　　　　　　　　　(b) UHPC塔筒

图 6.36　塔筒 4.0～8.0 m 段主压应力对比(彩图见附录)

　　塔筒 104.0～110.5 m 段主压应力结果如图 6.37 所示。

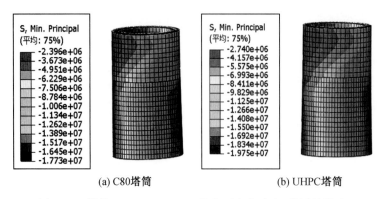

(a) C80塔筒 (b) UHPC塔筒

图6.37 塔筒104.0~110.5 m段主压应力对比(彩图见附录)

结果表明,UHPC塔筒的主压应力要比C80混凝土的主压应力大0.5~1.0 MPa,正常运行状态下,塔筒最大主压应力均小于20 MPa,满足使用要求。

6.4.3 对比分析

1. 主应力对比分析

以水平拼接缝截面标高为变量,对C80塔筒和UHC120塔筒模型结果分别提取主应力结果,得到水平拼接缝截面处的塔筒主拉应力和主压应力,如图6.38所示。

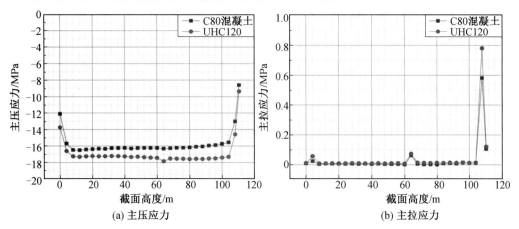

(a) 主压应力 (b) 主拉应力

图6.38 主应力结果对比

图6.38(a)表明,C80混凝土和UHC120除了塔筒的顶层和底层外,主压应力沿截面高度变化不大;在同一截面标高处,UHC120塔筒比C80塔筒的主压应力大1.0~2.0 MPa。由图6.38(b)可见,C80塔筒和UHC120塔筒沿截面高度方向的主拉应力数值变化不大;在同一截面标高处,UHC120塔筒与C80塔筒主拉应力接近,UHPC塔筒主拉应力相对略偏大。

2. 水平位移对比分析

在正常运行工况下,两塔筒的水平位移如图6.39所示。

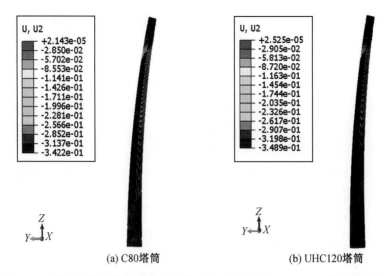

(a) C80塔筒　　　　　　　　　(b) UHC120塔筒

图 6.39　塔筒混凝土段水平位移结果对比(顶点标高 110.5 m)(彩图见附录)

结果表明,在同一标高水平拼接缝截面,UHC120 塔筒水平位移要大于 C80 塔筒,但二者水平位移差值很小。C80 钢筋混凝土塔筒的最大水平位移为 342.2 mm,UHPC 无筋塔筒的最大水平位移为 348.9 mm。

6.4.4　理论和数值结果对比分析

下面对比分析 C80 塔筒和 UHC120 塔筒的主压应力和主拉应力的理论和有限元计算结果。

1. C80 塔筒理论和有限元计算结果比较

如图 6.40(a)所示,C80 塔筒主压应力理论计算和有限元计算的差异不大,理论计算略大,但二者总体差值在 0.5 MPa 以内。两者沿水平拼接缝截面标高发展趋势一致,即随着水平拼接缝截面标高的增加,主压应力先增大后减小。

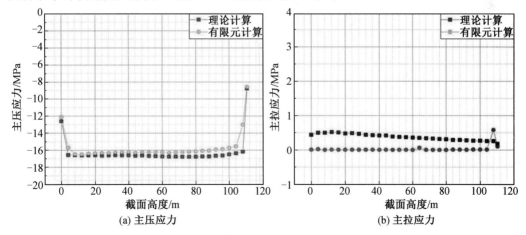

(a) 主压应力　　　　　　　　　　　(b) 主拉应力

图 6.40　C80 塔筒主应力计算结果对比

由图 6.40(b)可见,C80 塔筒主拉应力理论计算和有限元计算的差异总体在0.5 MPa 以内,理论计算结果略大。在 108 m 标高处,主拉应力有限元结果存在突变,存在局部应力集中,这是由于该标高处截面厚度变化导致局部应力突变,这一点是理论计算无法获得的。总体来看,C80 塔筒理论计算和有限元计算结果的差异在 0.5 MPa 以内,理论计算和有限元计算的结果吻合较好,说明理论计算中采用最大剪应力代替截面一般剪应力是可行的。

2. UHC120 塔筒理论计算和有限元计算结果对比

由于 UHPC 的弹性模量、轴心抗压强度标准值不同于 C80 混凝土,因此要重新计算预应力损失,并且按照前述"降温法",重新计算 UHC120 塔筒各节段水平拼接缝截面标高处递降温度,得到 UHC120 塔筒的理论计算和有限元计算结果的对比如图 6.41 所示。由图 6.41(a)可见,UHPC 的主压应力理论计算和有限元计算结果吻合较好,二者沿水平拼接缝截面标高发展趋势一致。UHPC 在 64 m 标高处略有应力集中。随着截面标高的增加,UHPC 理论计算和有限元计算的主压应力发展趋势一致,即先增大后减小。

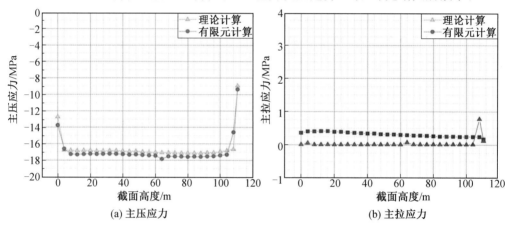

(a) 主压应力   (b) 主拉应力

图 6.41   UHC120 塔筒理论计算—有限元计算结果对比

由图 6.41(b)可见,UHPC 的主拉应力理论计算和有限元计算结果差异总体在0.5 MPa以内,理论计算结果相对稍大。在水平拼接缝截面 108 m 标高处的有限元分析主拉应力结果存在突变,这是由该处截面刚度发生突变所致,这一点也是理论计算无法获得的。总体来看,UHPC 塔筒理论计算和有限元计算结果的差异在 0.5 MPa 以内,二者结果吻合较好。

6.4.5   应力分布基本特征

(1)预应力控制水平对截面主应力产生影响。随着预应力控制水平的增加,塔筒主压应力逐渐增大,且增加相对均匀。主拉应力逐渐减小,且减小趋势趋慢。在相同预应力控制水平下,截面沿高度方向上主应力数值变化不大。

(2)塔筒截面内力影响分析表明,塔筒主应力对截面弯矩更为敏感。当截面剪力值固定不变时,随着弯矩的增加,弯剪比增加,主拉应力和主压应力逐渐增大。当截面弯矩固定时,随着剪力值的增加,弯剪比减小,主拉应力逐渐增加,但剪力值增加对主压应力的影响很小。

(3)塔筒截面剪力和扭矩内力值的变化,对塔筒主应力产生不同影响。不论是剪力值还是扭矩值的改变,塔筒主压应力变化均不明显,但对塔筒主拉应力产生影响。对于主拉应力而言,塔筒截面剪力值要比扭矩值影响更大。剪力值和扭矩值的改变均会使得截面剪扭比改变。当截面扭矩值固定不变时,随着剪力值的增加,剪扭比逐渐增加,塔筒主拉应力逐渐增大,主压应力变化不明显。当截面剪力值固定不变时,随着扭矩值增加,剪扭比逐渐减小,塔筒主拉应力逐渐增加,主压应力变化不明显。

(4)在相同外载荷和塔筒几何尺寸设计条件下,同一水平截面处,UHPC 无筋塔筒的主拉应力、主压应力、水平位移均大于 C80 钢筋混凝土塔筒,但二者差异很小。其中,主拉应力差值在 0.5 MPa 以内、主压应力差值在 0.5~1.0 MPa 范围。

(5)C80 钢筋混凝土塔筒和 UHPC 无筋塔筒的理论计算和有限元计算结果对比表明,二者主压应力数值基本一致,差异在 0.5 MPa 以内,且变化趋势相同。主拉应力差值在 0.5 MPa 以内。在截面尺寸突变位置,塔筒主拉应力会存在突变,比如塔筒截面标高 4.0 m、108.0 m 处,塔筒主拉应力会存在突变。

6.5　H160/UHPC 塔筒截面改进设计

在前述分析基础上,提出五种变厚度 H160/UHPC 塔筒,即改变 M02~M27 段的塔筒内径,但是外径保持不变,这样 UHPC 塔筒的壁厚可以明显减小。变厚度塔筒清单表如表 6.22 所示。

表 6.22　六种变壁厚 UHPC 塔筒清单表

模型型号	t_R /mm	t_T /mm	t_B /mm
R150－T80－B300	150	80	300
R150－T100－B300	150	100	300
R150－T120－B300	150	120	300
R150－T150－B300	150	150	300
R180－T180－B300	180	180	300
R220－T220－B300	220	220	300

注:① t_R 为肋部厚度; t_T 为管道厚度; t_B 为塔筒底部壁厚;

② R××－T××－B××:R 代表肋部厚度,T 代表管道厚度,B 代表塔筒底部壁厚。

该塔筒的水平截面的截面形式如图 6.42 所示。

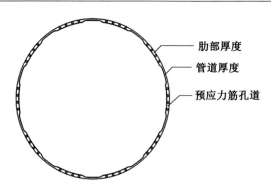

图 6.42 变壁厚塔筒截面图

其中,第六种塔筒是原有的塔筒壁厚方案,这里就是要用它和前五种塔筒进行对比分析。期间,每种塔筒都分别设置了四种强度等级,分别是 UHC120、UHC140、UHC160 和 UHC180。由于是正常运行条件下,这里暂且按照弹性进行计算,同时材料的本构关系也是按照弹性进行计算。以下画图的图例中,均以数字来命名塔筒名称。

图 6.43 为 UHC120 强度下各种塔筒的主应力变化图,图 6.44 为 UHC140 强度下各种塔筒的主应力变化图,图 6.45 为 UHC160 强度下各种塔筒的主应力变化图,图 6.46 为 UHC180 强度下各种塔筒的主应力变化图。

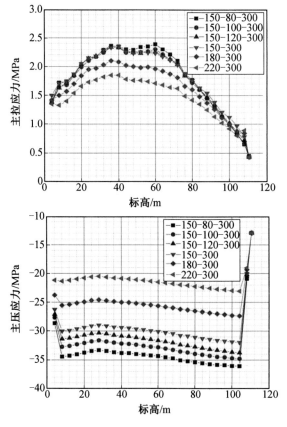

图 6.43 UHC120 塔筒主应力

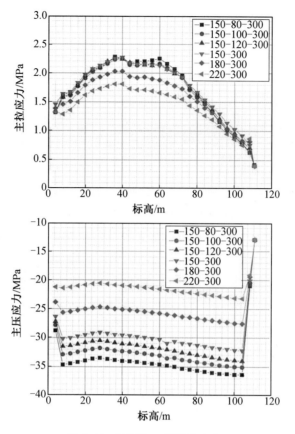

图 6.44　UHC140 塔筒主应力

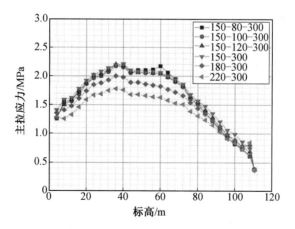

图 6.45　UHC160 塔筒主应力

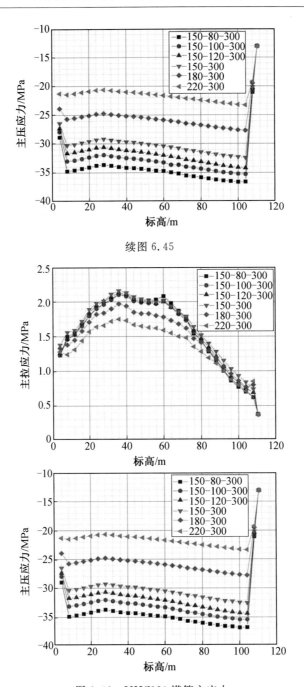

图 6.46　UHC180 塔筒主应力

　　这里提取了 0～110.5 m 的主应力数据,从图 6.43～6.46 可以看出,在同一 UHPC 强度下,各种壁厚塔筒的主拉应力差别不大,主压应力有较大的差别。

　　(1)在预应力筋作用下,整浇的塔筒的竖向应力沿高度分布比较均匀,但是装配式塔筒的竖向应力以一定的规律进行变化,即最大的压应力不是在接缝附近,而是在离接缝具有一定距离的单元体上。但是接缝附近的整个区段内,装配式塔筒的竖向应力和整浇的应力区别不大,大约在 0.2 MPa 以内。这说明对于装配式塔筒,在以后的计算中完全可以忽略接缝的存在对预应力筋作用的影响,即可以按照整浇来考虑进行计算。

(2)在竖向载荷作用下,整浇的混凝土塔筒和装配式混凝土塔筒的竖向应力在接缝附近的大小以及分布规律几乎完全相同,即装配式塔筒在竖向集中载荷计算时,可以按照整浇混凝土塔筒的计算公式进行计算。

(3)在弯矩作用下,首先就是求出接缝截面的消压弯矩,判断弯矩和消压弯矩的大小。截面弯矩在消压弯矩以内时,装配式塔筒在受拉侧的正应力为压应力,两者相差很小,几乎完全吻合。在弯矩大于消压弯矩后,随着弯矩的增大,整浇塔筒的正应力仍按照线性变化的规律在增大,但是装配式塔筒此时应变在增加,但应力增长幅度很小,此时截面上的拉应力由预应力筋来承担,预应力筋的拉应力骤增。装配式混凝土塔筒的拉应力和整浇结构差别较大。

与此同时,本章设计出了五种变厚度的塔筒,属于新型的结构,与传统的等厚度塔筒相比,在同一混凝土标号下,随着厚度的减小,主拉应力数值逐渐增加,R150－T80－B300 塔筒和 R220－T220－B300 塔筒主拉应力数值的差值在 1 MPa 以内,这说明在减小厚度的同时,主拉应力并没有很大的增加。同时随着厚度的减小,主压应力会有比较大的增加,R150－T80－B300 塔筒和 R220－T220－B300 塔筒主拉应力数值的差值在 15 MPa,但是在正常运行下,塔筒的压应力一般在 40 MPa 以内,UHPC 材料的抗压强度还远没有达到,这就说明,采用变厚度塔筒可以为工程设计提供一种新型结构的设计方案。

第7章 塔筒的地震响应分析

7.1 基本概念

结构的地震作用效应分析计算主要有底部剪力法、振型分解反应谱法和时程分析法。其中,时程分析法也称为直接动力分析方法。随着计算机技术的不断发展,计算在工程领域所发挥的作用越来越大。该方法是将实际的地震加速度时程数据输入到结构的计算模型中,直接分析结构的地震响应。最后得到结构体系各点的加速度、速度和位移随时间的变化规律,即最后计算得到的是结构地震作用与时间条件的动力响应。采用最能反映塔架在实际地震响应下的时程分析法。

基本方程为

$$[M]\{\ddot{x}\} + [C]\{\dot{x}\}[K]\{x\} = \{f(t)\} \tag{7.1}$$

式中　　$[M]$——结构的质量矩阵;

　　　　$[C]$——结构的阻尼矩阵;

　　　　$[K]$——结构的刚度矩阵;

　　　　$\{f(t)\}$——地震载荷向量。

计算上述方程一般采用数值计算方法,常用的计算方法有线性加速度法、Newmark$-\beta$方法、Wilson$-\theta$方法等。主要思路是将实际地震的总时间分割成很多微小时间段 Δt,根据 i 时刻各个质点的位移 $x(t)$、速度 $v(t)$ 和加速度 $a(t)$,利用数值积分的相关知识可以求得 $i+1$ 时刻的位移 $x(t+\Delta t)$、速度 $v(t+\Delta t)$、加速度 $a(t+\Delta t)$。然后以此作为下一步的初始值,继续按照上述方法进行计算。如此往复,便可以计算出结构在给定地震波下的地震效应。

7.2 地震波的选取与调整

在进行结构抗震设计分析时,一般研究者都会选取有代表性的这几种地震波:EI centro 波、Taft 波、天津波、宁河波等。在选取原则上也一般要符合地震动的三原则:地震动强度、地震动频谱特性和地震动持续时间。

现在一般风机安装位置的地震设防烈度在 7 度,这里的分析按照多遇地震进行计算,同时场地类别为 Ⅱ 类,设计地震分组为第二组,根据上述地震条件类别在编入的程序生成地震反应谱曲线,如图 7.1 所示。

接下来在太平洋地震中心 Peer 中,根据上述数据,可以得到在世界上相接近的地震,这里选取经典的 EI centro 波数据,该地震的震级为 7.1 级,在水平方向该地震波的峰值为 2.58 m/s²,竖向的峰值为 2.06 m/s²,与上述地震谱的数据吻合度较好。

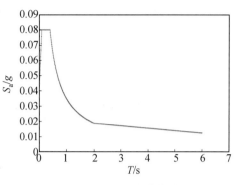

图 7.1　地震反应谱曲线

1. 地震波选取

这里选取最有代表性的 EI centro 波作为有限元计算的地震波,它包括三个方向的振动。

地震的持续时间大约 60 s,但是在实际的分析中,取地震强度最大的前 30 s 地震波输入到 ABAQUS 软件中。时间间隔为 0.02 s。

三个方向的地震波如图 7.2 所示。

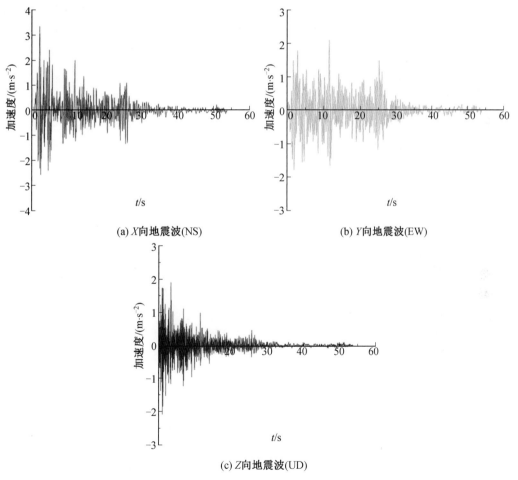

(a) X向地震波(NS)　　　　(b) Y向地震波(EW)

(c) Z向地震波(UD)

图 7.2　EI centro 三个方向的地震波

2. 地震波的调整

时程分析法中所选用的实际地震波和人工模拟地震波与结构抗震设计要求的地震

波,一般存在差异,不能直接采用。因此,需要经过人工调整后才能应用。

调整地震波的方法是:修改地震加速度幅值以实现不同设防烈度(震级)的要求;改变时间步长以改变频率范围;通过截断或重复地震记录以改变地震波的持续时间。具体方法如下:

(1)强度调整。

将实际地震所记录得到的地震波加速度按照一定的比例放大或缩小,使得其峰值达到预定好的目标峰值,即

$$a'(t) = \frac{A'_{\mathrm{m}}}{A_{\mathrm{m}}} a(t) \tag{7.2}$$

式中　$a(t)$——记录的加速度值;

　　　$a'(t)$——调整后的加速度值;

　　　A'_{m}——事先确定的地震加速度峰值;

　　　A_{m}——记录的加速度峰值。

(2)频率调整。

考虑到场地条件对地震地面的影响,原则上所选择的实际地震记录数据的反应谱、卓越周期及形状,尽量与场地上的反应谱特性相一致。当两者不一致时,可以调整实际记录的时间步长,即通过将记录的时间轴"拉长"或"缩短",以改变其卓越周期,但是其加速度值保持不变。也可以用数字滤波的方法过滤掉某些频率成分,改变谱的形状。另外,为了在计算中得到结构的最大反应,也可以根据塔架结构的基本自振周期,调整实际地震记录的卓越周期,使得两者相接近。

(3)时间步长的调整。

时间步长越小,计算精度越高,软件进行计算所需的时间就越长;时间步长越大,计算精度越低。对于一般的结构,要求 $\Delta t \leqslant 0.1T_1$,其中 T_1 为结构的基本周期。

(4)持续时间调整。

一般在地震中会有相应的记录,即一系列随时间变化的脉冲构成的地震加速度曲线。地震持续时间是影响结构由弹性进入到塑性并产生塑性变形积累的最主要因素,一般都会选取持续时间应包括地震动最强烈的时间段。

对于持续时间的要求:为保证结构的非弹性变形过程得以充分展开,一般要求输入软件中的持续时间不得短于结构基本周期的 5～10 倍。为了分析的全面性,本部分选取 30 s作为地震波的持续时间。

7.3　地震波的施加过程

通过释放掉 X、Y 和 Z 方向的约束,对应创建三个方向的边界条件,如图 7.3 所示。

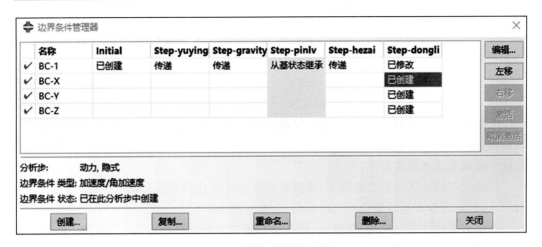

图 7.3 模型边界条件的处理

首先,建立动力响应的分析步,然后在此分析步中释放 X、Y 和 Z 方向的边界条件,如图 7.4(a)所示,接下来在每个方向上分别创建地震响应的幅值曲线并施加到塔筒底部截面上,如图 7.4(b)所示。

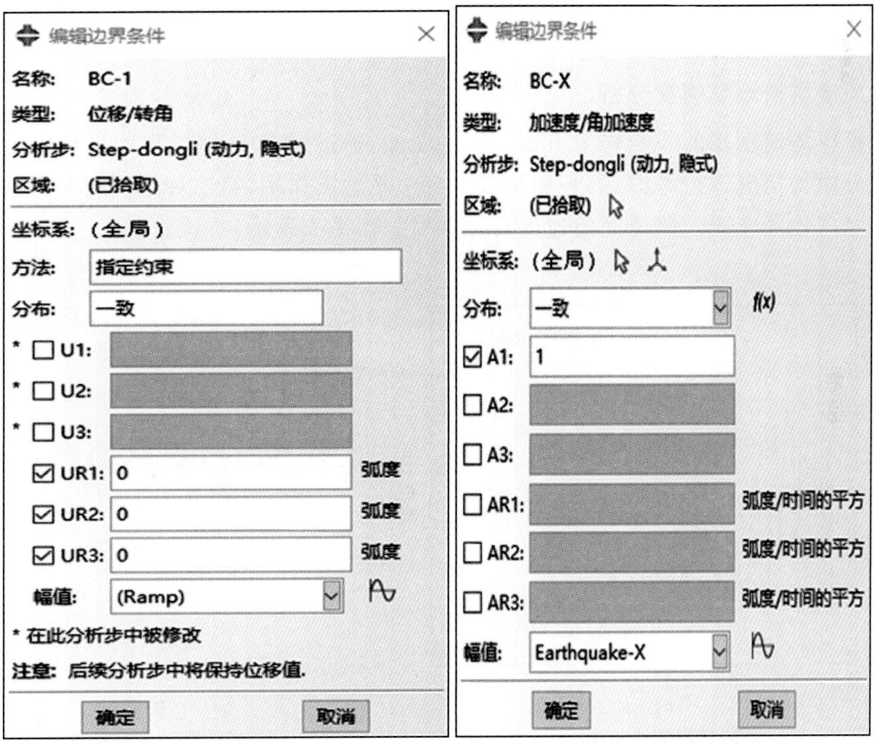

(a) 边界条件的处理 (b) 幅值曲线的创建

图 7.4 模型底部地震波的施加

7.4 典型塔筒的时程分析结果

这里的风电塔筒的地震时程分析是在 ABAQUS 有限元计算软件中进行的,分别计算 R220－T220－B300－C80 塔筒和 R220－T220－B300－UHC120 塔筒。

地震作用分别考虑两个方向施加,风载荷在一个方向施加。地震有三个特性:幅值、频谱和持续时间。风电塔筒结构的动力特性,不仅取决于塔筒结构本身的动力特性,而且取决于所输入的地震波特性。

目前世界的地震次数已经很多,地震波的数据可以在相关的网站上下载,如果输入地震波不同,最后计算的结果(应力、位移等)会相差很大。

这里主要建立三个模型,分别是:风载荷＋地震作用、地震作用和风载荷。通过上述三个模型的对比,来发现并判别风载荷和地震作用的组合情况。

在地震时,地面的竖直方向振动使建筑物产生竖向地震作用。现有的震害调查表明,在高烈度地区,竖向地震作用对高层建筑、高耸结构(如烟囱等)以及大跨度结构等的破坏较为严重。《建筑抗震设计规范》(GB 50011—2010)规定:设防烈度为 8 度和 9 度区的大跨度、长悬臂结构,以及设防烈度为 9 度区的高层建筑,除了计算水平地震作用之外,还应计算竖向地震作用。

1. 风电塔筒地震速度分析

这里取塔筒顶端的一点作为下面分析的对象,通过对 30 s 地震作用进行速度的时程分析。分两种情况进行考虑:第一种是仅考虑水平地震作用,第二种是同时考虑水平地震作用和竖向地震作用。该塔筒的速度时程曲线如图 7.5 所示。

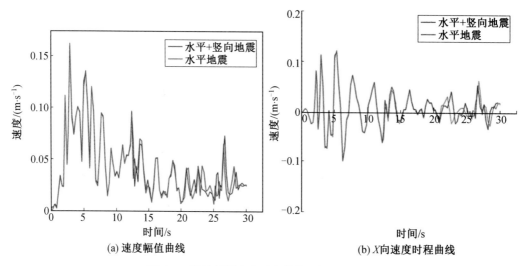

(a) 速度幅值曲线 (b) X 向速度时程曲线

图 7.5　塔筒顶部速度时程曲线(彩图见附录)

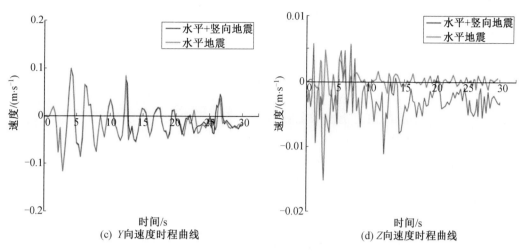

(c) Y向速度时程曲线　　　　　　　　　　(d) Z向速度时程曲线

续图 7.5

　　通过图 7.5(a)可以看出,在 EI centro 波的作用下,在地震刚发生的前 20 s 时间内,对于是否考虑竖向地震作用,塔筒顶部速度幅值差别不大。在后 10 s 时,当考虑了竖向地震作用时,塔筒顶部速度幅值要大于不考虑竖向地震作用的速度幅值。

　　同时根据图 7.5(b)和图 7.5(c)可以看出,当对塔筒结构考虑了竖向地震作用后,它对塔顶水平方向的加速度响应也会有一定的影响,但是这种影响较小,在实际分析中可以忽略。

　　通过图 7.5(d)可以看出,对塔筒仅考虑水平地震作用后,此时塔筒也会产生竖向的速度,但是水平地震作用对塔筒竖向速度影响较小,最大值为 0.005 m/s。同时,在考虑了竖向地震作用以后,塔顶的速度大部分为负值。

2. 风电塔筒地震加速度分析

　　对该塔筒施加的加速度时程曲线如图 7.6 所示。

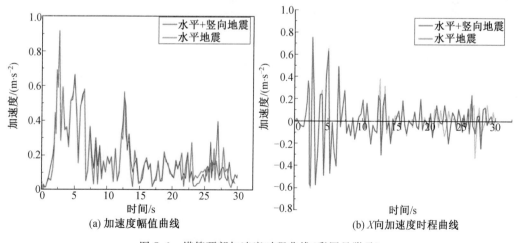

(a) 加速度幅值曲线　　　　　　　　　　(b) X向加速度时程曲线

图 7.6　塔筒顶部加速度时程曲线(彩图见附录)

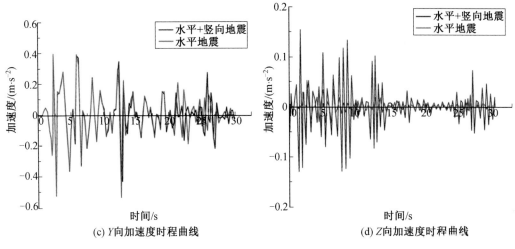

(c) Y向加速度时程曲线　　　　　　　　(d) Z向加速度时程曲线

续图 7.6

通过图 7.6 可以看出,塔筒顶部的加速度变化曲线和速度的变化曲线类似,即在地震发生的前半阶段,竖向地震对塔筒顶部的加速度影响较小,此时水平方向的加速度主要由水平地震作用控制。通过图 7.6(d)可以看出,塔筒顶部的竖向加速度主要由竖向地震作用控制,水平地震作用对其影响较小。

3. 风电塔筒地震位移分析

这里的位移采用 ABAQUS 中的幅值,在对模型施加各种作用时,塔顶的位移如表7.1所示。

表 7.1　外部作用下塔顶位移　　　　　　　　　　　　　　　　m

外部作用	水平地震作用	水平＋竖向地震作用	风载荷	水平地震作用＋风	水平＋竖向地震作用＋风
塔顶位移	0.366 199	0.384 845	1.066 47	1.430 73	1.435 08

通过图 7.7 可以看出,风电塔筒仅在水平和地震作用的作用下,塔筒的位移幅值出现在塔筒的底部偏上的位置处。

在地震载荷的作用下,塔筒顶部的最大位移约为 0.38 m,约为塔高的 1/200;在风载荷单独作用下,塔筒顶部的位移幅值约为 1.07 m,这说明相较于地震作用,风载荷以及其他载荷对塔筒的塔顶位移起控制作用。对于风载荷以及其他载荷和地震作用的组合效应,塔筒顶部产生的位移幅值为 1.44 m,与风载荷以及其他载荷相差 35％,从上述数值可以看出,对于风电塔筒结构,如果在设计中考虑地震作用,塔顶位移将有较大的误差。因此对于风电塔筒的设计,除了考虑风载荷以及其他载荷效应,还必须考虑地震效应的影响。

基于 ABAQUS 有限元软件中的动力分析部分,运用时程分析法对风电塔筒进行了地震响应的分析,得出了塔筒在地震作用、风载荷以及其他载荷作用、风载荷＋地震作用组合作用下的速度、加速度时程曲线,以及塔筒顶部的最大位移数据。通过上述结果可以看出,对于 EI centro 波来说,竖向地震对于塔筒顶部的水平速度、加速度和位移影响较

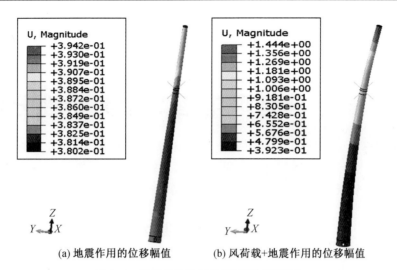

(a) 地震作用的位移幅值   (b) 风荷载+地震作用的位移幅值

图 7.7 塔筒的位移幅值图(彩图见附录)

小,竖向地震主要影响塔筒竖向的地震响应。同时,当对塔筒模型仅施加水平地震作用时,在竖向也会产生速度、加速度等地震效应,但是其数值很小,在实际分析中可以将其忽略。在竖向地震作用下,塔筒会产生竖向的速度、加速度,即此时会使塔筒产生拉应力和压应力,有可能会产生强度或稳定性破坏,所以对于地震作用不能忽略。

  另外,相较于地震作用,塔筒所受和风载荷以及其他载荷的组合对塔筒的位移起主要控制作用。但是如果忽略地震作用和考虑地震作用时的塔顶位移,两者将会相差 35%,这就说明对于风电塔筒的设计,地震作用必须要考虑。

第8章 典型风电塔筒疲劳特性分析

本章首先简要介绍疲劳分析和安全寿命计算的基本概念,在此基础上应用 FE.SAFE 软件对典型 UHPC 塔筒进行了疲劳分析,计算分析了塔架疲劳寿命图、疲劳安全系数图及疲劳失效概率,给出塔架最终的寿命年限及安全系数。

8.1 疲劳分析基本概念

疲劳是指在某点或某些点承受扰动应力,在足够多的循环扰动作用后形成裂纹或在完全断裂的材料中所发生的局部的永久结构变化的发展过程。疲劳破坏起源于高应力或高应变的局部,有裂纹萌生、扩展、断裂三个阶段,是一个发展过程。

混凝土疲劳研究分为试验和理论两个方面。在试验研究阶段,首先主要分析混凝土结构疲劳破坏的极限状态,重点是混凝土疲劳曲线方程和条件疲劳极限强度,研究的是疲劳损伤结束时的应力状态,研究结果用来分析混凝土结构疲劳设计取值;其次要分析疲劳损伤全过程衰减规律,其中包括疲劳变形发展规律、刚度和损伤衰减规律等,这次是研究整个疲劳损伤过程各点状态,用来作为混凝土结构正常使用的疲劳损伤和性能劣化分析、耐久性设计和服役可靠度评定的依据。在理论研究阶段,主要进行两个方面的研究,疲劳累积损伤理论和疲劳本构模型,疲劳损伤理论主要研究疲劳损伤机理和非线性累积损伤理论;疲劳本构模型主要是进行混凝土材料疲劳本构性能和结构疲劳有限元理论分析,无论哪一个方面,都以试验研究为基础。

疲劳分为低周疲劳、高周疲劳和超高周疲劳三种。它是根据断裂前的循环数划分的,低周疲劳循环次数较少,一般少于 10^3 次,每次循环中塑性变形较大;高周疲劳循环次数一般大于 10^3 次而小于 10^7 次,通常用 $S-N$ 曲线描述材料高周疲劳特性;超高周疲劳循环次数一般大于 10^7 次。塔架的载荷是周期载荷,在塔架内引起累积损伤,最终导致塔架破坏。研究发现,塔架疲劳载荷寿命循环次数较高,属于高周疲劳。

试验给出的应力、寿命关系用 $S-N$ 曲线表达,是材料的基本疲劳寿命曲线。利用 $S-N$ 曲线,如果已知应力水平(如工作应力幅 S 和应力比 R),可以估计寿命;若给定了设计寿命,也可估计应力水平。

8.2 风电塔架的安全寿命计算

8.2.1 Miner 理论概述

塔架疲劳安全寿命的设计目的是要求塔架在一定的使用期限内不发生疲劳破坏。线性损伤累积法则(即 Palmgren-Miner 法则)中规定:构件在给定应力水平反复作用下,损伤可认为与应力循环成线性累积,达到某一临界值时,就产生破坏。

(1)等幅载荷下,一次循环造成的损伤为 $D = \dfrac{1}{N}$。

(2)等幅载荷下,n 次循环造成的损伤为 $D = \dfrac{n}{N}$,当 $n = N$ 时,发生疲劳破坏。

(3)变幅载荷下,假定承受 k 个不同应力水平的作用,在应力水平 $\Delta\sigma_i$ 作用下经历了 n_i 个循环,对应恒幅值应力 $\Delta\sigma_i$ 的疲劳循环次数为 N_i,每一次循环造成的损伤为 $\dfrac{1}{N_i}$,则 n_i 个循环造成的疲劳损伤为 $D_i = \dfrac{n_i}{N_i}$,用 D_i 来度量在各应力水平循环作下造成的损伤,当这些损伤累积起来等于 1 时,将发生疲劳破坏,即疲劳破坏判据为:$D_i = \displaystyle\sum_{i=1}^{k} D_i = \sum_{i=1}^{k} \dfrac{n_i}{N_i} = 1$,其中,$N_i$ 为应力水平 $\Delta\sigma_i$ 在 $S-N$ 曲线上对应的循环次数。

8.2.2 FE. SAFE 软件简介

疲劳分析一般分为基于试验的"单点"疲劳寿命和基于有限元计算结果的"全场"疲劳寿命。前者多用于数据采集和实验室模拟,后者适用于设计部门,本部分采用有限元软件进行全场疲劳分析。

本部分使用 ABAQUS/FE. SAFE 软件对风力机塔架进行疲劳寿命分析。该软件是疲劳分析的专用软件,目前在疲劳分析专业领域被广泛应用,是世界公认精度最高的疲劳分析软件。FE. SAFE 既支持试验测试的疲劳分析技术,也支持有限元分析计算的疲劳仿真设计。FE. SAFE 材料库完整、载荷谱定义方法多变、信号采集与分析处理功能强大、疲劳算法先进,能够完整地输出疲劳结果。

ABAQUS/FE. SAFE 由用户界面、疲劳分析程序、信号处理程序、材料数据库管理系统组成。它能够根据有限元分析计算的载荷工况将结果按照一定比例叠加以产生工作应力—时间历程;也可换算成特定类型载荷作用下的弹塑性应力。

FE. SAFE 可直接读取 ABAQUS 的分析结果,从材料库中选取相应的材料,各种参数自己定义,对于材料库中没有的材料可以定义新的材料。ABAQUS/FE. SAFE 提供了疲劳分析载荷信号处理,内核为雨流计数法。FE. SAFE 寿命计算结果可用图形或动画显示,对数寿命、给定寿命下的安全系数均可以通过 ABAQUS 云图的形式直观地表示,实现了疲劳分析的可视化。

在每个节点上,FE. SAFE 通过用载荷的时间历程去乘单位载荷的应力张量,计算出六个应力张量的一个时间历程。假定 FE 数据集的载荷工况是 P_{FE},在节点上相应的弹性应力是 S_{FE},要分析的载荷的时间历程是 $P(t)$,$P(t)$ 中一个数据点的值是 P_K,那么节点上的弹性应力和弹性应变的时间历程分别为

$$S_K = S_{FE} \frac{P_K}{P_{FE}} \quad \text{和} \quad S(t) = S_{FE} \frac{P(t)}{P_{FE}} \tag{8.1}$$

计算出在单元面上的主应力时间历程,计算出节点上双轴应力状态下的循环应力应

变曲线,剪应变或正应变都采用雨流计数法,可以把每个循环的疲劳损伤都计算出来。再用 Miner 准则来计算节点上的疲劳寿命。如果指定设计寿命,软件就迭代计算出将达到设计寿命的应力因子,即安全系数。

8.3　UHPC 塔筒疲劳特性分析

8.3.1　基本信息

本项目为 H160 钢混凝土风电塔筒地上部分,混凝土塔筒部分为预制装配式结构,其中钢塔筒和混凝土塔筒总高为 156.76 m。混凝土塔筒共有 31 节段,MF01～M18 及 M21～M27 高为 4 m,M19 及 M20 高为 2 m,M31 高为 2.5 m,顶部钢塔筒及钢质转接段高为 38.26 m。M01～M16 及 M19～M27 塔筒外径自下而上均匀减小,MF02 顶部和底部、MF01 顶部和底部及 M01 底部的外径为 8 620 mm,M17 顶部和底部外径分别为 5 620 mm 和 6 060 mm;M17/18 顶部和底部外径分别为 5 420 mm 和 5 620 mm;M18～M20 顶部和底部外径均为 5 420 mm;M27 顶部外径为 4 300 mm;M28 塔筒顶部和底部外径均为 4 300 mm,MF02 及 MF01 管片壁厚为 300 mm,M01 管片底部壁厚为300 mm,顶部壁厚为 220 mm,壁厚由下至上均匀变化,M02～M16 及 M19～M27 壁厚均为220 mm;M17 管片壁厚从 220 mm 变化至 375 mm;M17/18 管片壁厚从 375 mm 变化至400 mm 再至 355 mm;M19 管片壁厚从 355 mm 变化至 220 mm;M28 管片壁厚从220 mm变化至 460 mm,MF02～M23 由两个 C 形管片组成,通过竖缝插筋连接并灌浆组成完整的 O 形管片。M24～M28 为完整的预制 O 形管片。混凝土塔筒沿竖向设置后张有黏结预应力钢绞线,M28 层吊装完成后张拉。在 M28 层塔筒的顶部安装钢质转接段;钢塔筒和钢质转接段之间通过法兰盘连接。底部基础拟采用圆形重力式扩展基础,其转动刚度为 5×10^{11} N·m/rad。

根据《混凝土结构设计规范(2015 年版)》(GB 50010—2010)、《钢结构设计标准》(GB 50017—2017)的规定,材料参数取值如表 8.1 所示。

表 8.1　材料力学性能参数

材料	弹性模量 (E)/MPa	泊松比(ν)	密度(ρ) /(kg·m⁻³)	屈服强度 设计值 /MPa	材料特性
钢筋 (HRB400)	200 000	0.3	7 850	360	弹性
钢材 (Q345)	200 000	0.3	7 850	345	弹性
				335	弹性
				305	弹性
UHPC(120)	42 900	0.2	2 500	—	弹塑性

预应力钢绞线采用 $1 \times 7 - 15.20 - 1860$ 钢绞线,预应力筋抗拉强度设计值为 1 395 MPa,极限抗拉强度设计值为 1 860 MPa。每个预应力孔道内设置 8 股预应力钢绞线,每个孔道预应力面积为 1 120 mm²。

8.3.2　ABAQUS 建模过程

塔筒分析采用有限元软件 ABAQUS,由部件创建、创建材料和截面属性、定义装配、设置分析步、相互作用、定义载荷、网格划分、分析作业、可视化和绘图等步骤组成。塔筒建模分析时,混凝土塔筒、钢质转接段及钢塔筒均采用实体单元,钢筋及预应力钢绞线采用桁架单元,混凝土塔筒段分为五段进行建模,分别为 MF02 段、MF01~M16 段、M17~M20 段、M21~M30 段、M31 段;钢塔筒段分为三段进行建模,分别为钢质转接段、GM02~GM09 段、GM10~GM16 段。

1. 部件创建

如图 8.1 所示,点击左侧工具栏中的创建部件按钮,弹出创建部件对话框。在图 8.1 中,可对名称进行命名。设置完成后,点击继续,进入二维绘图界面。进入二维绘图环境后,选择左侧工具区的画线按钮,再根据提示区提示输入对应的坐标,然后点击鼠标中键确认。当二维图形绘制完毕后,在绘图区空白处点击鼠标中键确认,然后在弹出的对话框中输入旋转角度后,退出当前对话框,完成部件三维模型的创建,如图 8.2~8.5 所示。

图 8.1　部件创建

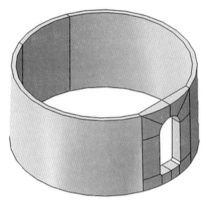
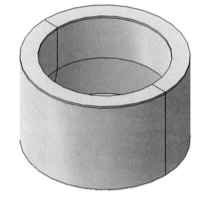

图 8.2　混凝土塔筒门洞处局部示意图　　图 8.3　混凝土塔筒 M31 局部示意图

图 8.4　钢质转接段局部示意图　　　　图 8.5　钢塔筒部分示意图

2. 创建材料和截面属性

在模块列表中选择属性功能模块,此模块中可以定义材料的本构模型和截面属性,并将截面属性赋予相应的区域上。点击左侧工具区的创建材料按钮,在弹出的对话框中,命名材料的名称,点击通用按钮,在下拉菜单中选中密度选项,然后在数据表中输入材料对应的密度;在力学的下拉菜单中,选中弹性选项,然后在数据表中输入弹性模量、泊松比;最后点击确定,如图 8.6 所示。

材料创建完成后,进行截面属性创建,点击左侧工具栏的创建截面按钮,如图 8.7 所示。在名称栏中输入名称,其他设置如图 8.7 所示,然后点击继续按钮,弹出的对话框如图 8.8 所示。

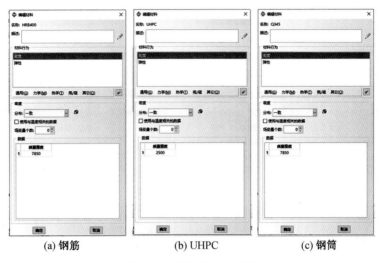

图 8.6 材料定义对话框

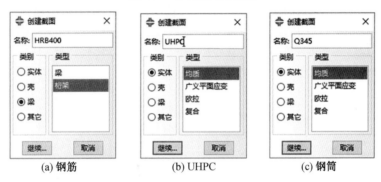

图 8.7 创建截面对话框

图 8.8 截面编辑对话框

在材料栏中的下拉列表中选择刚刚建立的材料,然后点击确定按钮,完成截面属性的定义。然后点击左侧工具区的指派截面按钮,根据提示区提示,选择相对应的部件,然后点击鼠标中键确认,弹出对话框如图 8.9 所示。在截面的下拉列表中选择对应的材料,然后点击确定,完成对部件截面属性的定义,模型由白色变成绿色。

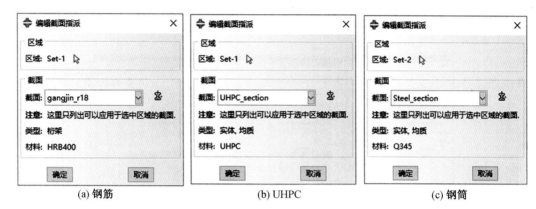

(a) 钢筋	(b) UHPC	(c) 钢筒

图 8.9　编辑截面指派对话框

3. 定义装配

在环境栏的模块列表中选择装配功能模块,然后点击左侧工具区的创建实例,弹出对话框如图 8.10 所示。然后选择要装配的部件,选中后点击确定,最后将塔筒所有管节都装配好,装配后如图 8.11 所示。

图 8.10　创建实例对话框　　　　图 8.11　ABAQUS 塔筒整体模型示意图

4. 设置分析步

在环境栏的模块列表中选择分析步功能模块,点击左侧工具区的创建分析步按钮,弹出对话框如图 8.12 所示。在该对话框中先进行名称命名,然后选择静力、通用选项,然后点击继续按钮,弹出对话框如图 8.13 所示。保持所有参数默认值不变,点击确定按钮,完成模型分析步的定义。

图 8.12　创建分析步

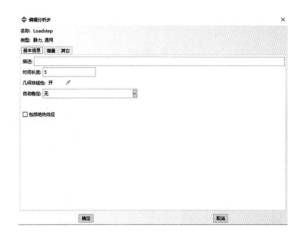
图 8.13　编辑分析步

5. 相互作用

在环境栏的模块列表中选择相互作用功能模块,点击左侧工具区的创建约束按钮,弹出对话框如图 8.14 所示。首先进行名称命名,然后塔筒不同管节之间均采用绑定进行连接,为了提高模型的收敛效率,模型整体不设置接触。设置约束时,塔筒底部采用位移以及弹性转动约束,其中转动约束刚度为 $5.0\times10^{11}\,\mathrm{N\cdot m/rad}$,约束为三向转动约束。然后点击继续,根据提示完成约束设置。

图 8.14　创建约束

6. 定义载荷

在选取塔筒疲劳工况时,参考典型工程案例疲劳载荷及正常使用载荷,按照最不利原则最终选取正常使用极限状态对应的载荷水平近似作为塔筒疲劳载荷取值依据。

在环境栏的模块列表中选择载荷功能模块,点击左侧工具区的创建载荷按钮,弹出对话框如图 8.15 所示,参数设置完成后,点击继续按钮,然后根据提示区提示完成载荷定义,各高度截面载荷如表8.2所示。部分塔筒管节施加的载荷如图8.16所示。

图 8.15　创建载荷

表 8.2　正常使用极限及疲劳载荷工况条件下各截面的控制载荷

截面高度/m	$M_{xy}/(\text{N} \cdot \text{m})$	$M_z/(\text{N} \cdot \text{m})$	F_{xy}/N	F_z/N
0	3 510 818.59	1 162 607.80	173 699.45	−1 043 577.24
4	3 226 560.92	282.09	3 256.80	−997 922.24
8	3 146 736.17	−3 848 599.89	11 529.90	−1 020 829.62
12	2 832 308.58	−87 480.50	34 862.25	−1 105 519.48
16	2 659 568.02	3 913 689.78	−7 437.05	−1 106 966.65
20	2 326 267.66	−711 672.33	−23 026.45	−1 013 308.81
24	2 314 776.56	303 079.05	62 173.60	−950 470.98
28	1 664 147.30	343.85	3 821.45	−477 658.15
32	1 092 323.80	300.15	2 610.50	36 094.68
36	1 112 608.22	347 633.50	26 558.10	28 782.52
40	1 010 417.20	97.75	753.25	35 615.35
44	975 830.64	80.50	971.75	35 318.18
48	795 548.83	−3 261 888.75	−24 306.40	110 771.52
52	1 412 884.23	2 114 355.50	88 186.60	131.85
56	659 024.78	1 147 747.15	−58 920.25	−6 375.32
60	826 823.67	−1 145 688.65	53 192.10	75 345.52
64	370 674.16	59 570.00	−46 339.25	51 231.85
68	776 203.01	494.50	3 577.65	33 880.18
72	748 597.88	544 787.20	127 101.45	−35 655.74

续表 8.2

截面高度/m	M_{xy}/(N·m)	M_z/(N·m)	F_{xy}/N	F_z/N
76	681 114.82	438.15	−6 986.25	1 607.93
80	634 776.64	−2 101 773.35	14 168.00	57 049.43
84	594 945.31	3 795.00	−9 255.20	26 562.93
88	970 168.94	2 530 810.75	34 537.95	−10 811.15
92	542 742.92	1 075.25	−12 870.80	32 442.18
96	425 008.92	−2 519 454.50	−45 641.20	75 672.51
100	479 852.97	4 508.00	−6 315.80	31 951.34
104	450 630.77	4 692.00	−5 184.20	31 711.68
108	295 929.55	2 372 481.05	8 823.95	−561 134.49
112	440 667.80	3 218.26	−15 404.15	−259 535.29
116	192 928.82	89 607.49	22 061.75	238 040.70
118.5	137 917.76	188 321.66	48 274.87	29 821.66
119.88	111 448.07	−677 125.18	−25 138.39	5 059.59
122.41	−16 069.02	153 241.04	−18 354.89	39 983.29
124.81	−5 591.99	434 058.63	11 762.57	56 263.88
127.21	11 155.11	−1 459 874.93	−11 606.60	34 197.47
129.61	263 723.51	−2 498 935.53	114 767.99	24 600.78
132.11	290 606.21	1 027 762.69	−5 478.13	−415 905.93
134.61	−121 710.27	2 498 741.66	−48 394.70	7 702.44
137.11	−89 136.00	−1 329 379.12	95 623.52	22 601.86
139.75	−41 386.38	763 712.80	68 958.42	−29 074.16
142.39	−93 097.31	114 955.45	120 765.26	−17 633.34
144.89	−420 714.83	−1 731 601.52	131 199.55	36 095.34
147.39	−1 440 257.34	2 360 570.28	−136 329.60	114 454.23
149.89	−1 474 653.48	−2 304 367.26	94 876.46	−124 677.59
152.39	−1 851 786.97	−1 467 899.99	−144 929.23	256 337.73
154.89	−1 031 466.95	1 878 709.00	315 027.55	−243 022.59
156.76	14 313 130.00	2 330 590.00	167 829.85	−2 575 988.50

图 8.16　部分塔筒管节上施加的载荷

7. 网格划分

在环境栏的模块列表中选择网格功能模块,点击左侧工具区的种子部件按钮,弹出对话框如图 8.17 所示。然后点击应用,模型已经按要求布满种子,点击确定,完成网格种子布置。然后点击为部件划分网格按钮,根据提示区提示完成网格划分,模型由绿色变为青色,如图 8.18 所示。点击指派单元类型按钮,弹出对话框如图 8.19 所示。实体单元均采用 C3D8R 单元进行网格划分,桁架单元均采用 T3D2 单元进行网格划分。然后点击确定完成单元类型设定。

图 8.17　全局种子　　　　　　　　　　图 8.18　网格划分图

图 8.19　单元类型

8.分析作业

在环境栏的模块列表中选择网格功能模块,点击左侧工具区的创建作业按钮,弹出对话框如图 8.20 所示。进行名称命名,然后点击继续按钮,弹出对话框如图 8.21 所示。点击确定按钮,完成对模型分析作业的定义。点击作业管理器,弹出对话框如图 8.22 所示。点击提交按钮,可以看到对话框中的状态提示由提交变成运算,最终显示为完成,点击对话框中的结果按钮,自动进入可视化模块。

图 8.20　创建作业

图 8.21　编辑作业

图 8.22　作业管理器

9.可视化

点击左侧工具区的在变形图上绘制云图按钮,如图 8.23 所示。保存现在的模型及分析,然后点击关闭按钮,退出 ABAQUS,完成对塔筒的静态和动态分析。

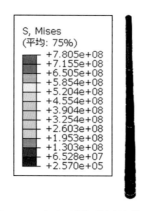

图 8.23 应力云图(彩图见附录)

8.3.3 FE.SAFE 分析过程

打开 FE.SAFE 软件,然后直接将 ABAQUS 计算的塔筒静态和动态分析结果 odb 文件导入 safe 中即可,如图 8.24 所示。

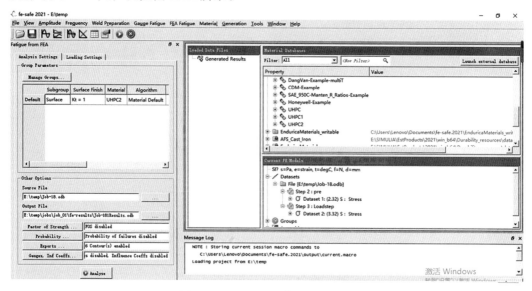

图 8.24 FE.SAFE 参数设计界面

在 Material Databases 中设置材料特性,由于 safe 软件的材料库中只有钢、铝合金、铁质材料,所以本部分需创建 UHPC 新材料相关信息。因为 UHPC 缺乏一些材料特定的测试数据,所以采用近似材料函数来近似计算疲劳特性,首先点击 fe-safe 模块中的材料按钮,然后点击近似材料,在弹出的窗口中输入材料的抗拉强度(UST)和弹性模量生成近似的材料数据,其中抗拉强度是材料的设计值,生成的数据指定一个名称并存入数据库,如图 8.25 所示。

材料疲劳属性的定义除了软件中自带的部分材料参数和材料近似法拟合材料疲劳属性外,还可将试验所获取的 $S-N$ 曲线导入材料库中进行计算。本节主要实现方式:通过材料模块中 Approximate Material 选项,输入抗拉强度和弹性模量值来近似拟合材料

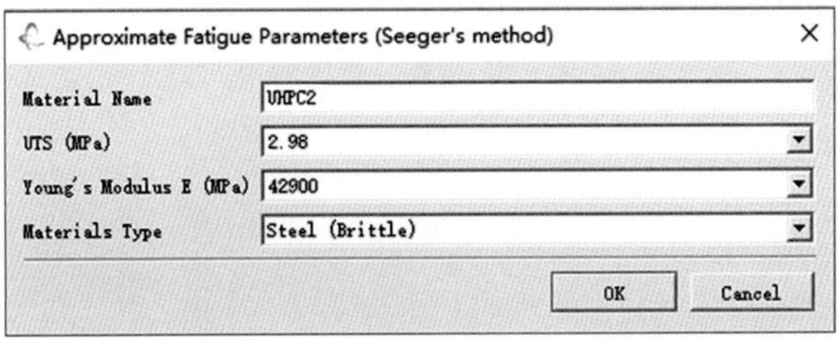

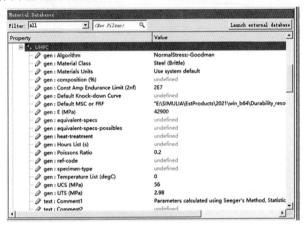

图 8.25　近似材料设置界面

的疲劳属性,然后在生成的材料库中对试验所测试的 $S-N$ 曲线进行调入,该方法更为准确地定义材料的疲劳属性。具体操作为:在设置时,UHPC 材料类型设置为 Brittle(脆性),钢筋材料类型设置为 Ductile(延性)。然后在生成的材料库中对该近似材料的泊松比和抗压强度进行设定,如图 8.26 所示,对于 UHPC 的疲劳分析一般宜选用的疲劳准则为 Goodman 准则,其中 Goodman 准则为应力疲劳寿命算法,即适用于混凝土高周疲劳寿命分析;而钢材作为塑性材料,对钢材的疲劳分析采用 Brown—Miller 准则。

图 8.26　材料泊松比和抗压强度设置对话框

为了提高疲劳验算的精度,本节引用余自弱文献中的试验值和 $S-N$ 曲线,即 $\lg N = 1.986 - 17.921\lg S_{\max}$,试验值如表 8.3 所示,点击 FE. SAFE 中新建的近似材料 UHPC,在下拉选项中找到 sn curve,如图 8.27 所示。

表 8.3　不同应力水平下 RPC 的疲劳寿命试验结果分析

疲劳寿命 N/次				存活率 p	$\ln\ln(1/p)$
$S_{\max}=0.9$	$S_{\max}=0.85$	$S_{\max}=0.75$	$S_{\max}=0.65$		
120	880	5 000	38 300	0.857	−1.869 8
180	1 300	8 500	73 900	0.714	−1.089 2
260	2 200	17 500	107 100	0.571	−0.580 5
370	3 500	19 600	160 400	0.429	−0.165 7
540	6 100	37 800	200 200	0.286	0.225 4
810	9 200	57 400	231 300	0.143	0.665 7

双击 sn curve 后边对应的值,即弹出对话框如图 8.28 所示。然后根据 $S-N$ 曲线公式输入两点对应的数据,即可生成 $S-N$ 曲线,然后点击 OK,完成 $S-N$ 曲线设置。

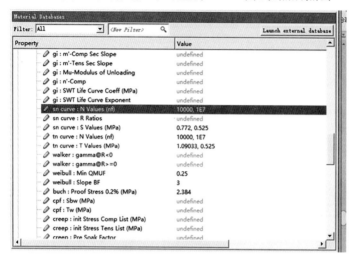

图 8.27　$S-N$ 曲线设置按钮图　　　　图 8.28　$S-N$ 曲线设置对话框

最后在 Fatigue from FEA 中的分析设置中设置 Subgroup、Surface Finish、Material,如图 8.29 所示,在加载设置中设置加载范围。双击 Subgroup,弹出对话框如图 8.30 所示。选择 Whole Group,点击 OK。

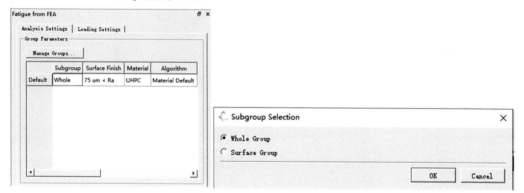

图 8.29　分析设置参数　　　　图 8.30　Subgroup Selection 对话框

材料的表面粗糙度(surface roughness)是指材料在生产加工时,必然会在材料加工表面产生或大或小的痕迹,这种具有的较小间距和微小峰谷的不平度,就称为表面粗糙度,属于微观几何形状误差。一种材料的表面粗糙度越小,对应的材料表面越光滑,其疲劳性能越好,疲劳寿命越长。双击 Surface Finish,弹出对话框如图 8.31 所示。当加载模型时,材料的表面粗糙度对材料的使用寿命和可靠性有着重要影响,一般用轮廓算术平均偏差 Ra 表示,对于混凝土的表面粗糙度 Ra 大于 75 μm,点击 OK 即可。

首先选中在材料库中已建立的近似材料,然后右击分析设置中的材料,弹出编辑按钮,点击编辑按钮,即完成对材料的设置,即完成了分析设置的设置。点击载荷设置,对话框如图 8.32 所示。

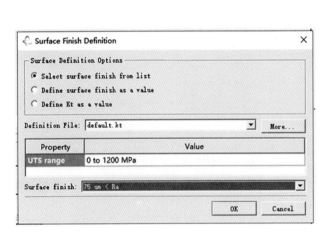

图 8.31 表面光洁度定义对话框

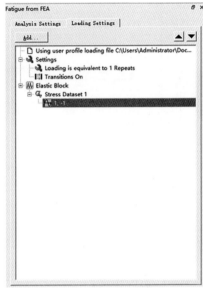

图 8.32 载荷设置对话框

频率为在做疲劳试验时载荷加载的频率值。如果有试验频率值,运用 FE. SAFE 软件进行疲劳验算时,输入频率值验算;如果无频率值时,可不进行设置,直接进行加载时程设置。加载时程一般设置为正弦波,正弦波的范围为 1 和 −1,如果有疲劳循环载荷谱,直接导入即可。双击图 8.32 中的最下边一栏,弹出对话框如图 8.33 所示。设置载荷时程,点击 OK,完成载荷设置。右击 Loaded Data Files 下的 Generated Results 按钮,即可导入疲劳循环载荷谱。然后在 Other Options 中设置输出文件的名称、保存位置、输入内容等,如图 8.34 所示。

然后点击 Analyse,即 FE. SAFE 开始对模型的疲劳进行运算,运算完成后,FE. SAFE 生成的疲劳分析结果文件也是 odb 格式,通过导入 ABAQUS 后处理模块来显示对应的疲劳寿命和疲劳安全系数图。如图 8.35 所示为塔架的对数疲劳寿命云图,图 8.36 为塔段连接处的局部放大云图,图 8.37 为塔架疲劳安全系数云图,图 8.38 为塔架疲劳失效概率云图。

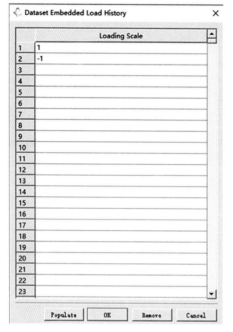

图 8.33 Dataset Embedded Load History 对话框

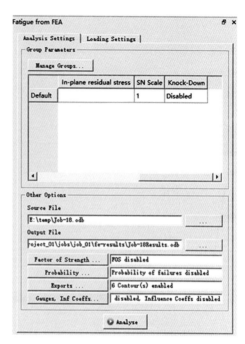

图 8.34 Other Options 对话框

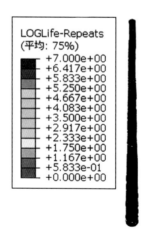

图 8.35 疲劳寿命云图（彩图见附录）

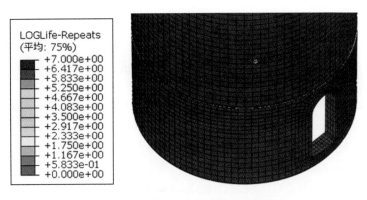

图 8.36 局部放大云图(彩图见附录)

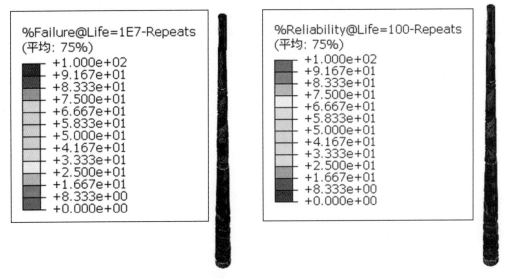

图 8.37 塔架疲劳安全系数云图(彩图见附录)   图 8.38 塔架疲劳失效概率云图(彩图见附录)

通过图 8.35 可以看出,在载荷谱作用下,塔架最小寿命发生在管节连接处,说明塔架在管节连接处是疲劳验算控制位置,塔架最大疲劳寿命为 $N = 10^7$ 次。从图 8.37 和图 8.38 中可以看出,疲劳安全系数 FOS,即疲劳计算寿命和设计寿命的比值的最大值为 100、最小值为 0,塔架的失效概率为 3.83×10^{-7},破坏概率低于 10^{-6},满足设计要求。从以上结果图中可以看出裂缝都分布在连接密集区和迎风面。

参 考 文 献

［1］Association Franqaise de Normalisation. National addition to Eurocode 2 — Design of concrete structures：specific rules for Ultra-High Performance Fibre-Reinforced Concrete（UHPFRC）：NF P 18—710 ［S］. Paris：Association Franqaise de Normalisation,2016.

［2］GOWRIPALAN N，GILBERT R I. Design guidelines for ductal prestressed concrete beams[R]. Sydney：The University of New South Wales，2000.

［3］Concrete Committee of the Japan Society of Civil Engineers. Recommendations for design and construction of ultra high strength fiber reinforced concrete structures（Draft）［S］. Tokyo：Concrete Committee of the Japan Society of Civil Engineers,2004.

［4］AALETI S，PETERSEN B，SRITHARAN S. Design guide for precast UHPC waffle deck panel system，including connections[R]. Washington D C：Federal Highway Administration，2013.

［5］湖南省工程建设标准. 活性粉末混凝土结构技术规程：DBJ 43/T 325—2017[S].北京：中国建筑工业出版社,2017.

［6］Korea Institute of Construction Technology（KICT）. Structural design recommendations for uhpc(draft)[S].Ilsan：Korea Institute of Construction Technology,2018.

［7］KUSUMAWARDANINGSIH Y，FEHLING E，ISMAIL M. UHPC compressive strength test specimens：cylinder or cube[J]. Procedia Engineering，2015，125：1076-1080.

［8］LEUTBECHER T. Chapter 4：material properties of UHPC（Draft)[D]. Kassel：University of Kassel，2011.

［9］董新婷. 高分子复合式浮置板道床隔振系统疲劳寿命研究[D].济南：山东交通学院,2021.

［10］卢姗姗. 配置钢筋或 GFRP 筋活性粉末混凝土梁受力性能试验与分析[D]. 哈尔滨：哈尔滨工业大学，2010.

［11］刘数华，阎培渝，冯建文. 超高强混凝土 RPC 强度的尺寸效应[J]. 公路，2011(3)：123-127.

［12］鞠彦忠，王德弘，康孟新. 不同钢纤维掺量活性粉末混凝土力学性能的试验研究［J］. 应用基础与工程科学学报，2013,21(2):299-306.

［13］金凌志，李月霞，付强. 不同掺合料掺量的活性粉末混凝土抗压强度试验[J]. 河南科技大学学报(自然科学版)，2014,35(5):55-62.

[14] 安明喆，宋子辉，李宇，等. 不同钢纤维含量 RPC 材料受压力学性能研究[J]. 中国铁道科学，2009，30(5)：34-38.

[15] 闫光杰. 活性粉末混凝土单轴受压强度与变形试验研究[J]. 华北科技学院学报，2007(2)：36-40.

[16] 谭彬. 活性粉末混凝土受压应力应变全曲线的研究[D]. 长沙：湖南大学，2007.

[17] HASSAN A M T, JONES S W, MAHMUD G H. Experimental test methods to determine the uniaxial tensile and compressive behaviour of ultra high performance fibre reinforced concrete (UHPFRC)[J]. Construction and Building Materials，2012，37：874-882.

[18] 单波. 活性粉末混凝土基本力学性能的试验与研究[D]. 长沙：湖南大学，2002.

[19] SHAFIEIFAR M，FARZAD M，AZIZINAMINI A. Experimental and numerical study on mechanical properties of Ultra High Performance Concrete (UHPC)[J]. Construction and Building Materials，2017，156：402-411.

[20] 马亚峰. 活性粉末混凝土(RPC200)单轴受压本构关系研究[D]. 北京：北京交通大学，2006.

[21] 邓宗才. HFRP 管约束超高性能混凝土的本构模型[J]. 北京工业大学学报，2016(2)：253-260.

[22] 王震宇，李俊. 掺纳米二氧化硅的 RPC 单轴受压力学性能[J]. 混凝土，2009(10)：97-100，104.

[23] 徐荣耀. 箍筋约束超高性能混凝土的单轴特性及本构模型试验研究[D]. 成都：西南交通大学，2019.

[24] 李莉. 活性粉末混凝土梁受力性能及设计方法研究[D]. 哈尔滨：哈尔滨工业大学，2010.

[25] 邓宗才，王义超，肖锐，等. 高强钢筋 UHPC 梁抗弯性能试验研究与理论分析[J]. 应用基础与工程科学学报，2015(1)：68-78.

[26] 傅元方. UHPC 梁受弯性能研究[D]. 福州：福州大学，2016.

[27] 梁兴文，汪萍，徐明雪，等. 配筋超高性能混凝土梁受弯性能及承载力研究[J]. 工程力学，2019，36(5)：110-119.

[28] 王成志. 超高性能混凝土结构抗弯性能试验研究[D]. 成都：西南交通大学，2017.

[29] 鲁胜虎. 高强钢筋活性粉末混凝土梁受力性能试验及理论研究[D]. 桂林：桂林理工大学，2013.

[30] SHAFIEIFAR M，FARZAD M，AZIZINAMINI A. A comparison of existing analytical methods to predict the flexural capacity of Ultra High Performance Concrete (UHPC) beams[J]. Construction and Building Materials，2018，172：10-18.

[31] ISMAIL M，FEHLING E. On the steel fiber efficiency of UHPC beams subjected to pure torsion[C]. First International Interactive Symposium on UHPC，2016.

[32] AI-QURAISHI H A A. Punching shear behavior of UHPC flat slabs[D]. Kassel：

　　　　University of Kassel，2014.

[33] HARRIS D K. Characterization of punching shear capacity of thin UHPC plates
　　　[D]. Blacksburg：Virginia Polytechnic Institute and State University，2004.

[34] 折惠东. 隧道铺底混凝土纵向裂纹扩展规律及疲劳寿命研究[D]. 西安：长安大
　　　学，2019.

[35] ZHOU W，HU H，ZHENG W. Bearing capacity of reactive powder concrete
　　　reinforced by steel fibers[J]. Construction and Building Materials，2013，48(Com-
　　　plete)：1179-1186.

[36] 李立峰，李文全，石雄伟，等. 不同养护条件下活性粉末混凝土局压承载力试验
　　　[J]. 长安大学学报(自然科学版)，2018，38(2)：54-65.

[37] ZHOU W，HU H. Bearing capacity of steel fiber reinforced reactive powder
　　　concrete confined by spirals [J]. Materials and Structures，2015，48 (8)：
　　　2613-2628.

[38] GENG X R，ZHOU W，YAN J C. Reinforcement of orthogonal ties in steel-fiber-
　　　reinforced reactive powder concrete anchorage zone[J]. Advances in Structural En-
　　　gineering，2019，22(10)，2311-2321.

[39] 李文全. 活性粉末混凝土预应力锚固区局压性能研究[D]. 长沙：湖南大学，2017.

[40] 王志成. 超高性能混凝土结构抗弯性能试验研究[D]. 成都：西南交通大学，2017.

[41] 中华人民共和国住房和城乡建设部. 混凝土结构设计规范(2015 年版)：GB 50010—
　　　2010[S]. 北京：中国建筑工业出版社，2015.

[42] European Committee for Standardization. Eurocode 2：Design of concrete
　　　structures-Part 1-1：General rules and rules for buildings：EN 1992-1-1(English)
　　　[S]. London：European Committee for Standardization，2004.

[43] 薛事成. RUHPC 组合式预制剪力墙受力性能分析[D]. 哈尔滨：哈尔滨工业大
　　　学，2020.

[44] WU X G，HAN S M. Deformation of RUHPC I shape beam under serviceability
　　　limit state [R]. Gumi：Kumoh National Institute of Technology，2007.

[45] WU X G，HAN S M. Deformation of RUHPC rectangular shape beam under ser-
　　　viceability limit state [R]. Gumi：Kumoh National Institute of Technology，2007.

[46] 安明喆，张盟. 变形钢筋与活性粉末混凝土的黏结性能试验研究[J]. 中国铁道科学，
　　　2007(2)：50-54.

[47] 邓宗才，程舒错. HRB500 高强钢筋与活性粉末混凝土黏结滑移本构关系研究[J].
　　　混凝土，2015(1)：25-31.

[48] 邓宗才，袁常兴. 高强钢筋与活性粉末混凝土黏结性能的试验研究[J]. 土木工程学
　　　报，2014(3)：69-78.

[49] 贾方方. 钢筋与活性粉末混凝土黏结性能的试验研究[D]. 北京：北京交通大
　　　学，2013.

[50] 李鹏，郑七振，龙莉波，等. 钢筋埋长对超高性能混凝土与钢筋黏结性能的影响[J].

建筑施工,2016,38(12):1722-1723,1729.

[51] 司金艳,樊晓宁,周立成,等. 活性粉末混凝土与高强钢筋的黏结性能试验研究[J]. 施工技术,2013(24):60-62.

[52] 张颖. HRB500 钢筋与活性粉末混凝土黏结性能研究[J]. 新型建筑材料,2017,44 (11):63-66.

[53] 郑七振,让梦,李鹏. 超高性能混凝土与钢筋的黏结性能试验研究[J]. 上海理工大学 学报,2018,40(4):398-402.

[54] 邵卓民,沈文都,徐有邻. 钢筋混凝土的锚固可靠度及锚固设计[J]. 建筑结构学报, 1987(4):36-49.

[55] 中华人民共和国住房和城乡建设部. 建筑结构可靠度设计统一标准:GB 50068— 2018[S]. 北京:中国建筑工业出版社,2018.

[56] 毛达岭. HRB500 钢筋黏结锚固性能的试验研究[D]. 郑州:郑州大学,2004.

[57] TOBINAGA I, ISHIHARA T. A study of action point correction factor for L - type flanges of wind turbine towers[J]. Wind Energy, 2018, 21(2):801-806.

[58] VOROHOBOVS V, ZAKHAROFF A. The dependence of the optimal size of a wind turbine tower on wind profile in height [J]. Transport and Aerospace Engineering, 2019, 7(1):58-65.

[59] CHEN Y J, ZHANG Y L, LIN C H. Optimization and analysis on prestressed concrete-steel hybrid wind turbine tower [J]. Taiyangneng Xuebao/Acta Energiae Solaris Sinica,2021,28(3): 12-21.

[60] HE J N, XU B. Quick and highly efficient modal analysis method based on the re-analysis technique for large complex structure and topology optimization [J]. International Journal of Computational Methods,2020, 17(3):1850134.

[61] SMILDEN E, SORUM S H, BACHYNSKI E E, et al. Post-installation adaptation of offshore wind turbine controls [J]. Wind Energy, 2020, 23(4): 967-985.

[62] 俞黎萍,刘晓峰. 预应力混凝土风电机组塔架静力分析研究[J]. 风能,2015(1): 76-80.

[63] 李东坡. 钢筋混凝土塔架结构分析与优化[D]. 重庆:重庆大学,2018.

[64] 李静平. 预应力混凝土及钢塔筒的受力分析与优化[D]. 北京:北京交通大 学,2011.

[65] 杨静. UHPC-钢组合式超大型风力机塔架结构性能数值模拟分析[D]. 哈尔滨:哈 尔滨工程大学,2013.

[66] YUE Y Y, TIAN J J, MU Q Y. Feasibility of segmented concrete in wind turbine tower:numerical studies on its mechanical performance [J]. International Journal of Damage Mechanics,2021, 30(4):105678952095489.

[67] 许千寿. 140 m 钢-混凝土混合风力发电机塔筒预应力技术研究[J]. 建筑技术开发, 2019,46(22):96-98.

［68］宋欢，丛欧，刘金虎，等. 预制混凝土塔筒竖缝拼接节点受力性能研究［J］. 建筑结构，2018，48（S2）：679-683.

［69］张壮南，李姗姗，柳旭东，等. 装配式剪力墙浆锚连接的受力性能试验研究［J］. 建筑结构学报，2019，40（2）：189-197.

［70］中国电力企业联合会. 风力发电机组预应力装配式混凝土塔筒技术规范：T/CEC 5008—2018［S］. 北京：中国电力出版社，2018：32-33.

［71］中华人民共和国住房和城乡建设部. 装配式混凝土结构技术规程：JGJ 1—2014［S］. 北京：中国建筑工业出版社，2014：36-38.

［72］中华人民共和国住房和城乡建设部. 高耸结构设计标准：GB 50135—2019［S］. 北京：中国计划出版社，2019：116-120.

［73］CHEN J, LI J, HE X. Design optimization of steel-concrete hybrid wind turbine tower based on improved genetic algorithm［J］. The Structural Design of Tall and Special Buildings，2020（3）：e1741.

［74］MA H, MENG R. Optimization design of prestressed concrete wind-turbine tower ［J］. Sci China Technol Sci，2014，57（2）：414-422.

［75］CHEN K, SONG M X, ZHANG X. The investigation of tower height matching optimization for wind turbine positioning in the wind farm［J］. Journal of Wind Engineering & Industrial Aerodynamics，2013，114：83-95.

［76］LANA J, JUNIOR P A A M, MAGALHES C A, et al. Behavior study of prestressed concrete wind-turbine tower in circular cross-section［J］. Engineering Structures，2021，227：111403.

［77］梁峰，陶铎. 140 m 高四边形构架式预应力抗疲劳风力发电塔过渡段结构设计［J］. 建筑结构，2019，49（14）：23-28.

［78］BAQERSAD M, SAYYAFI E, BAK H M. State of the art: mechanical properties of ultra-high performance concrete［J］. Civil Engineering Journal，2017，3（3）：190-198.

［79］VALIKHANI A, AZIZINAMINI A. Experimental investigation of high-performing protective shell used for retrofitting bridge elements［C］. Presented at 97th Annual Meeting of the Transportation Research Board，Washington，D. C.，2018.

［80］JAMMES F X. Design of wind turbines with ultra-high performance concrete［D］. Cambridge：Massachusetts Institute of Technology，2009.

［81］JAMMES F X. Design of offshore wind turbines with UHPC［C］. Marseille，France：Symposium on Ultra-High Performance Fibre-Reinforced Concrete，UHPFRC 2013，2013.

［82］LEWIN T, SRITHARAN S. Design of 328-ft（100-m）tall wind turbine towers using UHPC［D］. Ames：Iowa State University，2010.

［83］LEWIN T J. An investigation of design alternatives for 328-ft（100-m）tall wind turbine towers[D]. Iowa：Iowa State University，2010.

[84] SRITHARAN S，SCHMITZ G M. Design of tall wind turbine towers utilizing UHPC[C]. Marseille，France：RILEM-fib-AFGC International Symposium on Ultra-High Performance Fibre-Reinforced Concrete，2013.

[85] KIM B J，PLODPRADIT P，KIM K D，et al. Three-dimensional analysis of pre-stressed concrete offshore wind turbine structure under environmental and 5-MW turbine loads[J]. Journal of marine science and application，2018,17(4):625-637.

[86] MA H，ZHANG D . Seismic response of a prestressed concrete wind turbine tower[J]. International Journal of Civil Engineering，2016，14(8):1-11.

[87] Forida Development A/S. Forida hybrid towers—the towers for next generation of wind turbines[R]. Hjallerup：Forida Development A/S，2014.

[88] SHI J，LI W T，ZHENG K K，et al. Experimental investigation into stressing state characteristics of large-curvature continuous steel box-girder bridge model [J]. Construction and Building Materials，2018(178):574-583.

[89] ZHAO Y，LIU B，LI H M，et al. Hysteretic stressing state features of RCB shear walls revealed by structural stressing state theory[J]. Case Studies in Construction Materials,2021(15):E00674.

[90] HUANG Y X，ZHANG Y，ZHANG M，et al. Method for predicting the failure load of masonry wall panels based on generalized strain-energy density[J]. Journal of Harbin Institute of Technology，2014，140(8):04014061.

[91] SHI J，LI P C，CHEN W Z，et al. Structural state of stress analysis of concrete-filled stainless steel tubular short columns[J]. Stahlbau，2018，87(6)：600-610.

[92] 张明，张克跃，李倩，等. 基于应变能密度的网壳结构抗震性能参数分析[J]. 土木工程学报，2016，49(11):8.

[93] AL-OSTA M A，ISA M N，BALUCH M H，et al. Flexural behavior of reinforced concrete beams strengthened with ultra-high performance fiber reinforced concrete [J]. Construction and Building Materials，2017，134(MAR. 1):279-296.

[94] 李昊煜. RPC 材料的塑性损伤本构模型参数识别及有限元验证[D]. 北京：北京交通大学，2009.

[95] LEE J，FENVES G L. Plastic-damage model for cyclic loading of concrete structures[J]. Journal of Engineering Mechanics,1998,124(8)：892-900.

[96] 江见鲸，陆新征，叶列平. 混凝土结构有限元分析[M]. 北京：清华大学出版社,2005.

[97] 杜任远. 活性粉末混凝土梁、拱极限承载力研究[D]. 福州：福州大学，2014.

[98] 张涛. 配筋超高性能混凝土(UHPC)梁受弯性能数值模拟与试验分析[D]. 武汉：武汉理工大学，2020.

[99] 陈严，欧阳高飞，伍海滨，等. 变转速风力机的动态模型与随机载荷下的动态分析 [J]. 太阳能学报，2004，25(6):723-727.

[100] 宾滔. 风力发电机动力学模型与塔筒振动控制[D]. 湘潭：湖南科技大学，2020.

[101] 吕建伟. 风电塔筒垂直度检测方法研究[D]. 兰州:兰州交通大学,2020.

[102] 王丹阳. 台风区海上风机基础和塔筒可靠度分析[D]. 大连:大连理工大学,2020.

[103] 张天贺. 海上风力发电机大尺寸高塔筒结构形式设计与研究[D]. 大连:大连海事大学,2020.

[104] 张鹏林,曹力,刘九道,等. 风电塔筒在三种工况下的静动态研究[J]. 机械设计与制造,2013(10):200-202.

[105] 杨博文,戴磊,金鹭云,等. 超高性能混凝土(UHPC)研究综述[J]. 建筑技术,2020,51(12):1422-1425.

[106] 郭威,徐玉秀. 离网型风力发电机塔架振动问题的模态分析[J]. 可再生能源,2006(5):65-67.

[107] 王永智,陶其斌,周必成. 风力机塔架的结构动力分析[J]. 太阳能学报,1995(2):162-169.

[108] DAMGAARD M, IBSEN L B, ANDERSEN L V, et al. Cross-wind modal properties of offshore wind turbines identified by full scale testing[J]. Journal of Wind Engineering and Industrial Aerodynamics,2013,116:94-108.

[109] 王浩. 钢-混凝土组合塔筒振动损伤机理研究[D].郑州:华北水利水电大学,2020.

[110] RAHMAN M, ONG Z C, CHONG W T, et al. Wind turbine tower modeling and vibration control under different types of loads using ant colony optimized PID controller[J]. Arabian Journal for Science & Engineering,2019,44(2):707-720.

[111] 张冬冬. 预应力混凝土风机塔架模型试验和分析研究[D].上海:上海交通大学,2015.

[112] 李德源,刘胜祥,黄小华. 大型风力机筒式塔架涡致振动的数值分析[J]. 太阳能学报,2008,29(11):1432-1437.

[113] 姜香梅. 有限单元法在风力发电机组开发中的应用研究[D]. 乌鲁木齐:新疆农业大学,2002.

[114] 刘超,杨树耕,田男. 基于 ANSYS 的海上风机塔筒的自振特性分析[J]. 天津理工大学学报,2014,30(4):24-27+35.

[115] 魏源. 混合式风力发电机组塔架基本力学性能研究[D]. 福州:福州大学,2016.

[116] SINGH A N. Concrete construction for wind energy towers[J]. The Indian Concrete Journal,2017,81(9):43-49.

[117] 曹莉,孙文磊,周建星. 强阵风条件下风电机组钢-混凝土塔架瞬态响应分析[J]. 可再生能源,2015,33(7):1042-1047.

[118] LAVANYA C, KUMAR N D. Foundation types for land and offshore sustainable wind energy turbine towers[J]. E3S Web of Conferences,2020,184:01094.

[119] YADAV K K, GERASIMIDIS S. Imperfection insensitive thin cylindrical shells for next generation wind turbine towers[J]. Journal of Constructional Steel

Research，2020，172：106228.

[120] 李俊超. 风电场风机主轴轴承保持架失效原因分析[J]. 设备管理与维修，2021
(9)：48-50.

[121] 孙海磊. 风力发电机塔筒受力性能的试验研究[D]. 包头：内蒙古科技大学，2012.

[122] 李华明. 基于有限元法的风力发电机组塔架优化设计与分析[D]. 乌鲁木齐：新疆
农业大学，2004.

[123] JAIMES M A，GARCIA-SOTO A D，CAMPO J O，et al. Probabilistic risk as-
sessment on wind turbine towers subjected to cyclone-induced wind loads[J].
Wind Energy，2020，23(3)：528-546.

[124] 杜静，杨瑞伟，李东坡，等. MW 级风电机组钢筋混凝土塔筒稳定性分析[J]. 太
阳能学报，2021，42(3)：9-14.

[125] 刘贻雄. 大型风力机塔筒结构动力学与稳定性分析[D]. 兰州：兰州理工大
学，2012.

[126] 朱仁胜，刘永梅，蒋东翔，等. 基于 MW 级风力发电机塔架的有限元分析[J]. 机
械设计与制造，2011(5)：104-106.

[127] 陈宏远，吉玲康，谢文江，等. 受初始几何缺陷影响的管线管非线性屈曲分析[J].
焊管，2009，32(9)：22-26,30.

[128] 赵世林，李德源，黄小华. 风力机塔架在偏心载荷作用下的屈曲分析[J]. 太阳能
学报，2010，31(7)：901-906.

[129] 杜静，周云鹏，郭智. 大型水平轴风力发电机组塔筒非线性屈曲分析[J]. 太阳能
学报，2016，37(12)：3178-3183.

[130] 丁小川，李忆，吕渤林，等. 大型风电机组塔架门洞结构强度分析与优化[J]. 机械
制造，2011，49(11)：34-37.

[131] 石秉楠，钱华，刘麒祥，等. 风力发电机组塔筒门段结构优化设计[J]. 东方汽轮
机，2016(3)：67-69,74.

[132] 曹玉生，胡格吉乐吐. 门洞开口方向对风机塔筒受力性能影响的有限元分析[J].
内蒙古工业大学学报(自然科学版)，2015，34(3)：218-223.

[133] 张杲，汪建文，米兆国，等. 小型风力机动态偏航平台应用与塔筒振动试验[J]. 可
再生能源，2020，38(5)：625-629.

[134] 骆伟程. 装配式内加劲风力机塔筒承载性能研究[D]. 南京：南京航空航天大
学，2019.

[135] 金静. 大型内加劲风力机塔筒承载能力分析与优化研究[D]. 南京：南京航空航天
大学，2018

[136] 王策. 基于两种计算方法的大型风力机气动载荷研究[D]. 石家庄：石家庄铁道大
学，2020.

[137] 丁立勇. 基于 IEM 效应的混凝土塔筒动态损伤机理研究[D]. 郑州：华北水利水电
大学，2018.

[138] 潘方树，王法武，仇德伦. 基于不同单元的风力机塔筒受力分析[J]. 低温建筑技

术，2016，38(11)：35-38.

[139] 吕钢. 基于有限元法的水平轴风力机塔架动态响应与优化问题研究[D]. 兰州：兰州理工大学，2009.

[140] 李松林. 基于 ABAQUS 对后张法预应力箱梁存放期作用效应的研究[D]. 长春：长春工程学院，2020.

[141] 代汝林，李忠芳，王姣. 基于 ABAQUS 的初始地应力平衡方法研究[J]. 重庆工商大学学报（自然科学版），2012，29(9)：76-81.

[142] 陆萍，秦惠芳，栾芝云. 基于有限元法的风力机塔架结构动态分析[J]. 机械工程学报，2002(9)：127-130.

[143] 王玉镯. ABAQUS 结构工程分析及实例详解[M]. 北京：中国建筑工业出版社，2010.

[144] 石亦平，周玉蓉. ABAQUS 有限元分析实例详解[M]. 北京：机械工业出版社，2006.

[145] 严晓林，刘希凤. 基于 ABAQUS 的风力机塔筒螺栓连接接触非线性分析[J]. 科学技术与工程，2011，11(28)：6842-6845.

[146] 崔阳. 大型风力机组塔架静动态有限元分析[D]. 沈阳：沈阳工业大学，2011.

[147] 白海燕. 兆瓦级风力发电机组塔架的有限元分析[D]. 太原：太原理工大学，2010.

[148] 陈绍蕃，顾强. 钢结构基础[M]. 北京：中国建筑工业出版社，2007.

[149] 和哲. 兆瓦级风力机塔架结构参数的多目标优化研究[D]. 兰州：兰州理工大学，2019.

[150] 李静平，徐龙河. 钢及预应力钢筋混凝土风电塔筒模态分析[J]. 风机技术，2012(5)：58-63.

[151] 李本立，宋宪耕. 风力机结构动力学[M]. 北京：北京航空航天大学出版社，1999.

[152] 周思雨，胡挺，余毫，等. 1.5 MW 某型现代风机塔筒强度的有限元分析[J]. 电力科学与工程，2021，37(1)：62-71.

[153] 胡挺. 清洁能源相关部件的有限元分析[D]. 北京：华北电力大学（北京），2020.

[154] 王佼姣，施刚，石永久，等. 考虑不同边界约束条件下的风电机塔架固有频率分析[J]. 特种结构，2011，28(5)：5-8，108.

[155] 曾梦伟，魏克湘，李颖峰，等. 大型风力机塔架固有频率分析[J]. 噪声与振动控制，2017，37(4)：30-33.

[156] 陈志敏. 水平轴风力发电机的有限元分析[D]. 太原：中北大学，2016.

[157] 江本旺. 风力发电塔架的分析与灾变控制研究[D]. 沈阳：沈阳工业大学，2018.

[158] 晁贯良，祝蕴龙，孙刚峰，等. MW 级风力发电机塔筒门框优化设计[J]. 机械设计与制造工程，2020，49(12)：26-32.

[159] 何婧，何玉林，金鑫，等. 失速型风力发电机系统振动仿真分析[J]. 重庆大学学报（自然科学版），2007，30(5)：91-95.

[160] 彭超，周志红. 风力发电机组塔筒地震载荷计算[J]. 太阳能学报，2017，38(7)：1952-1958.

[161] 任洪鹏. 预应力钢筋混凝土风力发电塔架的静力及地震响应分析[D]. 天津:天津大学, 2009.

[162] 赵洁. 钢管混凝土格构式风电塔架地震响应分析[D]. 包头:内蒙古科技大学, 2020.

[163] 祝英杰. 结构抗震设计[M]. 北京:北京大学出版社, 2014.

[164] NF P 18-710, National Addition to Eurocode 2 — Design of Concrete Structures: Specific Rules for Ultra-high Performance Fibre-reinforced Concrete(UHPFRC): NFP18-710[S]. Paris: AFNOR-French Standard Institute, 2016.

[165] Swiss Institute of Engineering and Architects. Recommendation: ultra-high performance fibre reinforced cement-based composites (UHPFRC): SIA 2052-2016 [S]. Switzerland: Swiss Institute of Engineering and Architects, 2016

[166] The Swiss Standards Association, Concrete structures: SIA 262: 2003 [S]. Zurich: Swiss Society of Engineers and Architects, 2004.

[167] International standard. Wind energy generation systems-parts 1: design requirements:IEC 61400-1[S]. Switzerland:Geneva, 2018.

[168] International standard. Wind energy generation systems-parts 6: tower and foundation design requirements :IEC 61400-6[S]. Switzerland: Geneva, 2020.

[169] European Committee for Standardization. Eurocode 2: Design of concrete structures—Part 1-1: General rules and rules for buildings: EN 1992-1-1 (English)[S]. Britain:European Committee for Standardization, 2004.

[170] NZS3101: 2006 Concrete structures standard part 1: the design of concrete structures: NZS 3101—2006[S]. Wellington: Standards New Zealand, 2006.

[171] American Concrete Institute, ACI 318-11. Building code requirements for structural concrete and commentary: ACI 318-11 [S]. Hamburg: Farmington Hills, 2011.

[172] Wind GL:GERMANISCHER LLOYD(GL). IV-Rules and guidelines industrial services part -1 guidelines for the certification of wind turbines[S]. Hamburg: Guidelines & Rules, 2010.

[173] European Committee for Standardization, BS EN 1993-1-6 : 2007 Eurocode 3: design of steel structures-part 1-6[S]. Brussels:Brussels CEN, 2007.

[174] 鞠培东. CFRP 布加固部分预应力钢筋混凝土梁试验研究与数值模拟[D].天津:河北工业大学, 2017.

[175] 余自若,安明喆,阎贵平. 活性粉末混凝土的疲劳性能试验研究[J].中国铁道科学, 2008,29(4):35-40.

[176] 赵旭. 钢-混凝土组合连续梁疲劳寿命影响因素分析[D]. 北京:北京交通大学, 2020.

名 词 索 引

W

Y

Z

附录　部分彩图

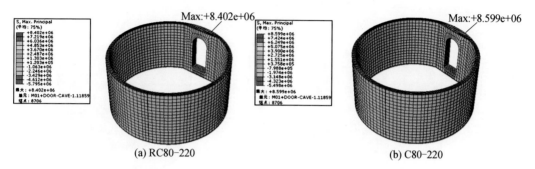

(a) RC80-220

(b) C80-220

图 4.2　M01 段主拉应力云图

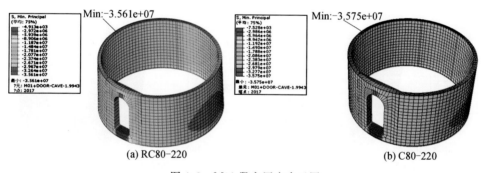

(a) RC80-220

(b) C80-220

图 4.3　M01 段主压应力云图

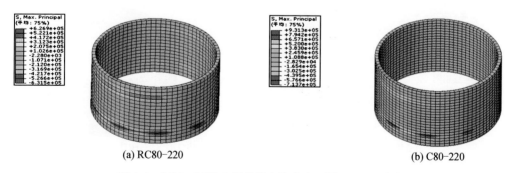

(a) RC80-220

(b) C80-220

图 4.4　M02～M27 中间节段主拉应力云图（以 M02 为例）

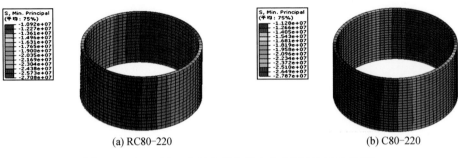

(a) RC80-220　　　　　　　　　　　(b) C80-220

图 4.5　M02～M27 中间节段主压应力云图（以 M02 为例）

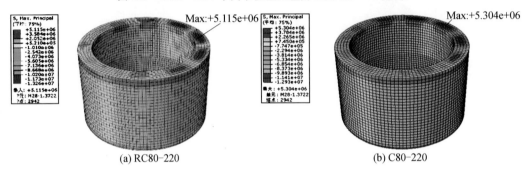

(a) RC80-220　　　　　　　　　　　(b) C80-220

图 4.7　M28 段主拉应力云图

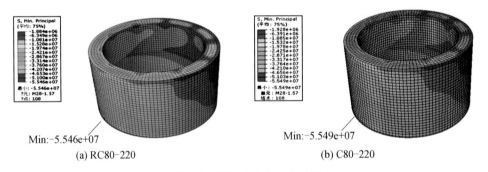

(a) RC80-220　　　　　　　　　　　(b) C80-220

图 4.8　M28 段主压应力云图

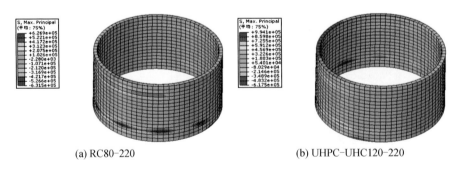

(a) RC80-220　　　　　　　　　　(b) UHPC-UHC120-220

图 4.11　M02～M27 中间节段主拉应力云图（以 M02 为例）

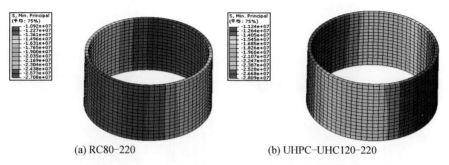

(a) RC80-220 (b) UHPC-UHC120-220

图 4.12 M02～M27 中间节段主压应力云图（以 M02 为例）

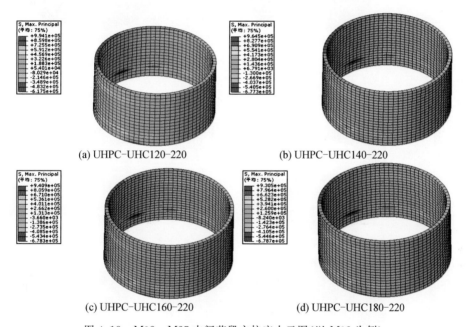

(a) UHPC-UHC120-220 (b) UHPC-UHC140-220

(c) UHPC-UHC160-220 (d) UHPC-UHC180-220

图 4.18 M02～M27 中间节段主拉应力云图（以 M02 为例）

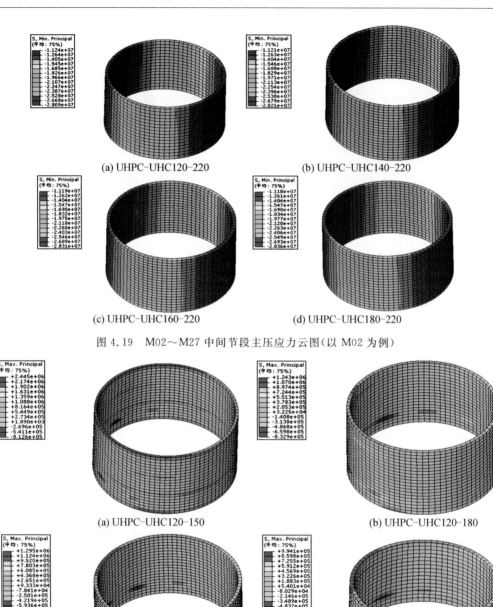

(a) UHPC-UHC120-220

(b) UHPC-UHC140-220

(c) UHPC-UHC160-220

(d) UHPC-UHC180-220

图 4.19　M02～M27 中间节段主压应力云图（以 M02 为例）

(a) UHPC-UHC120-150

(b) UHPC-UHC120-180

(c) UHPC-UHC120-200

(d) UHPC-UHC120-220

图 4.25　M02～M27 中间节段主拉应力云图（以 M02 为例）

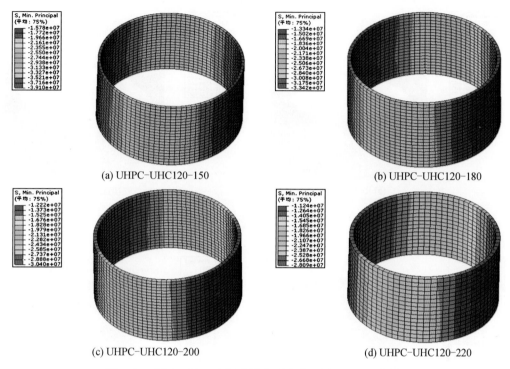

(a) UHPC-UHC120-150　　　　　　　　(b) UHPC-UHC120-180

(c) UHPC-UHC120-200　　　　　　　　(d) UHPC-UHC120-220

图 4.26　M02～M27 中间节段主压应力云图（以 M02 为例）

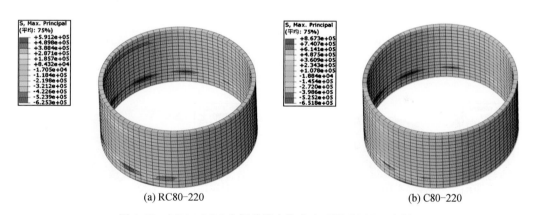

(a) RC80-220　　　　　　　　　　　(b) C80-220

图 4.32　M02～M27 中间节段主拉应力云图（以 M02 为例）

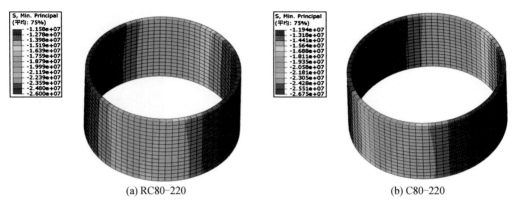

(a) RC80-220 (b) C80-220

图 4.33 M02～M27 中间节段主压应力云图(以 M02 为例)

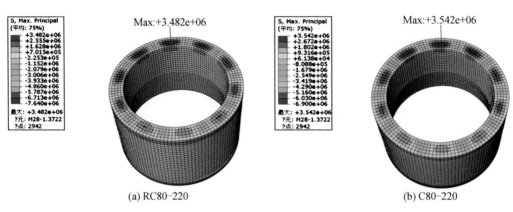

(a) RC80-220 (b) C80-220

图 4.35 M28 段主拉应力云图

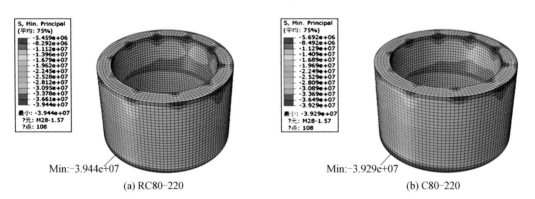

(a) RC80-220 (b) C80-220

图 4.36 M28 段主压应力云图

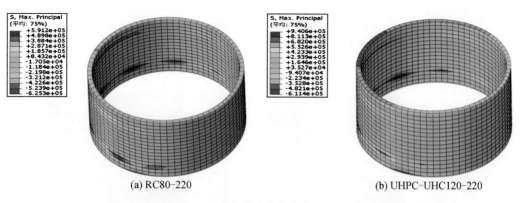

(a) RC80-220   (b) UHPC-UHC120-220

图 4.39 M02～M27 中间节段主拉应力云图（以 M02 为例）

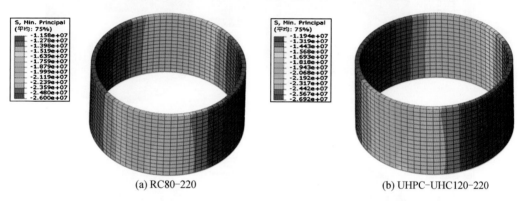

(a) RC80-220   (b) UHPC-UHC120-220

图 4.40 M02～M27 中间节段主压应力云图（以 M02 为例）

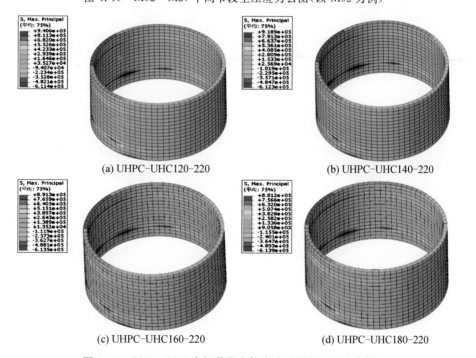

(a) UHPC-UHC120-220   (b) UHPC-UHC140-220

(c) UHPC-UHC160-220   (d) UHPC-UHC180-220

图 4.46 M02～M27 中间节段主拉应力云图（以 M02 为例）

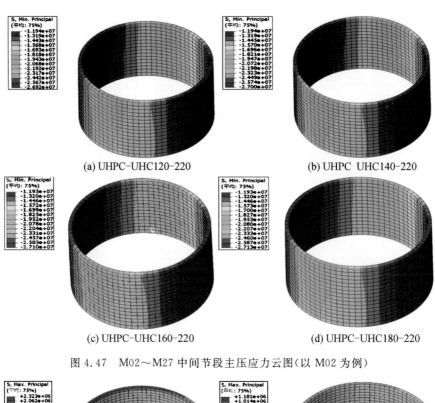

(a) UHPC-UHC120-220 (b) UHPC UHC140-220

(c) UHPC-UHC160-220 (d) UHPC-UHC180-220

图 4.47　M02~M27 中间节段主压应力云图（以 M02 为例）

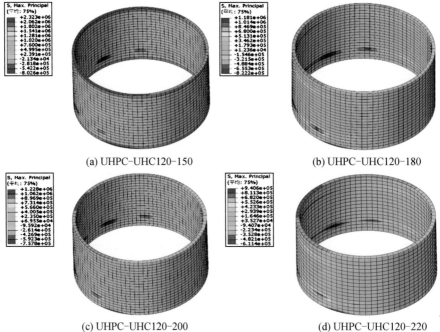

(a) UHPC-UHC120-150 (b) UHPC-UHC120-180

(c) UHPC-UHC120-200 (d) UHPC-UHC120-220

图 4.53　M02~M27 中间节段主拉应力云图（以 M02 为例）

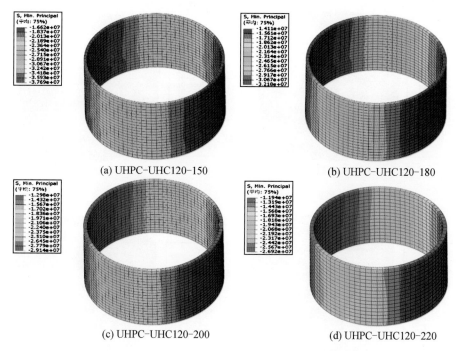

(a) UHPC-UHC120-150　　　　　　(b) UHPC-UHC120-180

(c) UHPC-UHC120-200　　　　　　(d) UHPC-UHC120-220

图 4.54　M02～M27 中间节段主压应力云图（以 M02 为例）

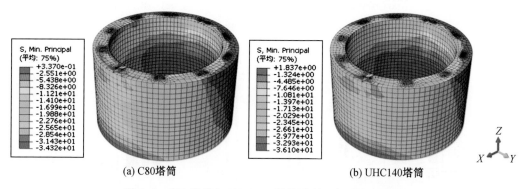

(a) C80塔筒　　　　　　　　　　(b) UHC140塔筒

图 5.4　C80 塔筒与 UHC140 塔筒混凝土主压应力云图

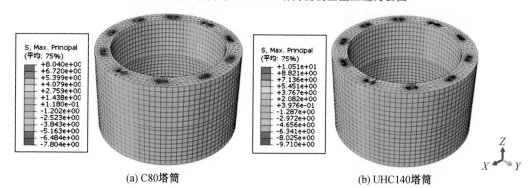

(a) C80塔筒　　　　　　　　　　(b) UHC140塔筒

图 5.5　C80 塔筒与 UHC140 塔筒混凝土主拉应力云图

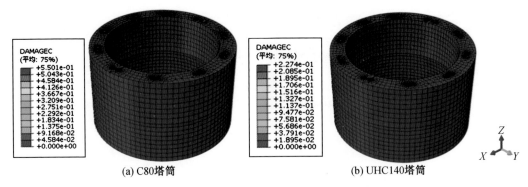

(a) C80塔筒 (b) UHC140塔筒

图 5.6 C80 塔筒与 UHC140 塔筒受压损伤云图

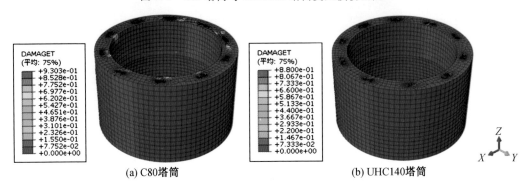

(a) C80塔筒 (b) UHC140塔筒

图 5.7 C80 塔筒与 UHC140 塔筒受拉损伤云图

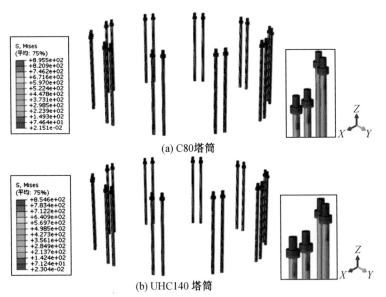

(a) C80塔筒

(b) UHC140 塔筒

图 5.8 C80 塔筒与 UHC140 塔筒锚杆应力分布云图

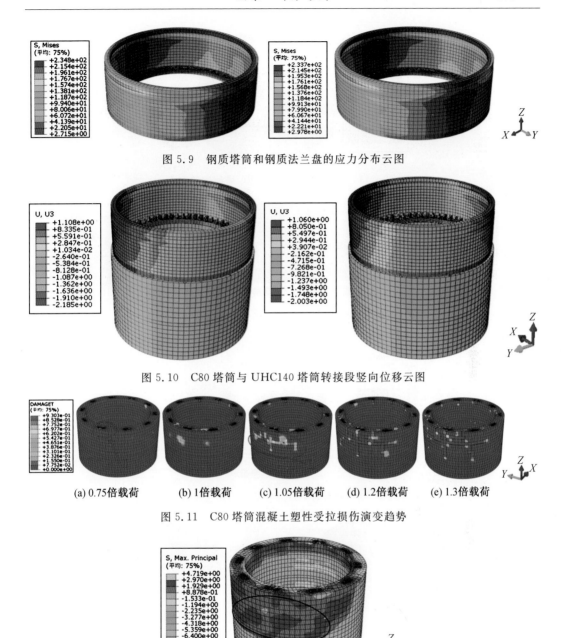

图 5.9 钢质塔筒和钢质法兰盘的应力分布云图

图 5.10 C80 塔筒与 UHC140 塔筒转接段竖向位移云图

(a) 0.75倍载荷 (b) 1倍载荷 (c) 1.05倍载荷 (d) 1.2倍载荷 (e) 1.3倍载荷

图 5.11 C80 塔筒混凝土塑性受拉损伤演变趋势

图 5.12 1.3 倍载荷时 C80 RC 塔筒混凝土最大主应力

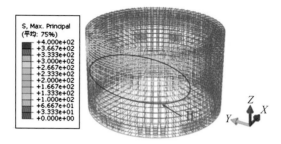

图 5.13　1.3 倍载荷时 C80 RC 塔筒钢筋应力

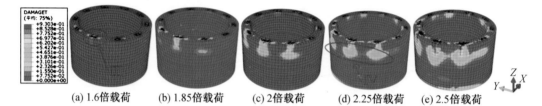

(a) 1.6倍载荷　　(b) 1.85倍载荷　　(c) 2倍载荷　　(d) 2.25倍载荷　　(e) 2.5倍载荷

图 5.14　UHC140 塔筒混凝土塑性受拉损伤演变趋势

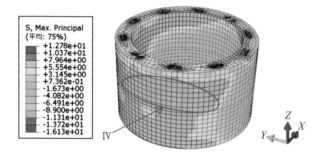

图 5.15　2.50 倍载荷时 UHC140 塔筒混凝土最大主拉应力

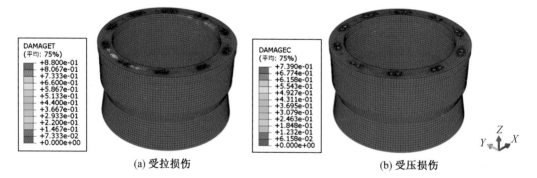

(a) 受拉损伤　　　　　　　　　　　　　　(b) 受压损伤

图 5.17　碗状塔筒结构受拉损伤与受压损伤云图

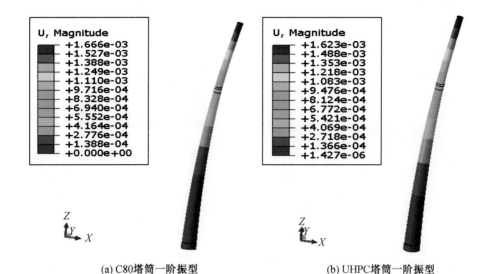

(a) C80塔筒一阶振型 (b) UHPC塔筒一阶振型

图 6.9　两塔筒的一阶振型对比

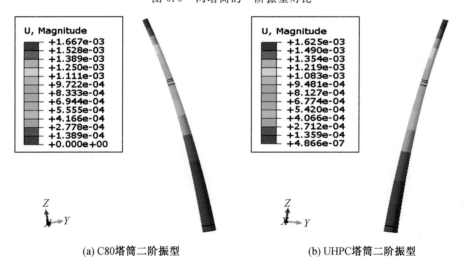

(a) C80塔筒二阶振型 (b) UHPC塔筒二阶振型

图 6.10　两塔筒的二阶振型对比

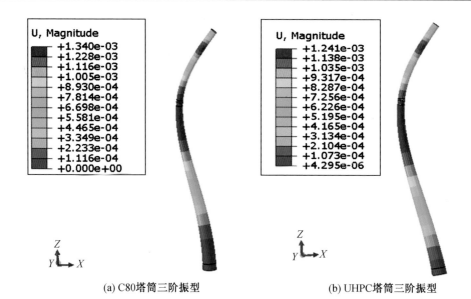

(a) C80塔筒三阶振型   (b) UHPC塔筒三阶振型

图 6.11　两塔筒的三阶阵型对比

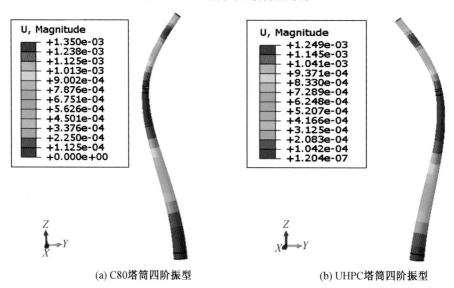

(a) C80塔筒四阶振型   (b) UHPC塔筒四阶振型

图 6.12　两塔筒的四阶阵型对比

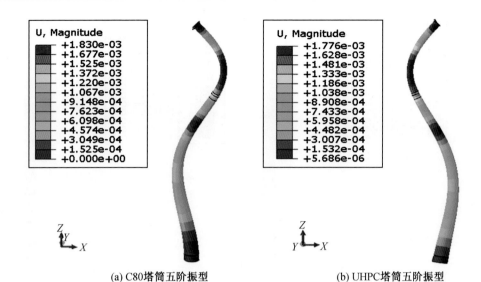

(a) C80塔筒五阶振型　　　　　　　　　　(b) UHPC塔筒五阶振型

图 6.13　两塔筒的五阶振型对比

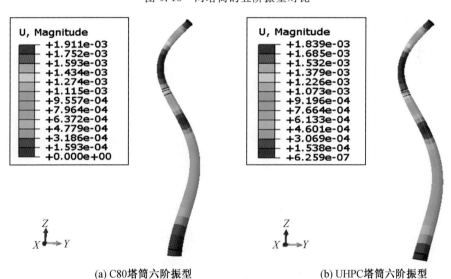

(a) C80塔筒六阶振型　　　　　　　　　　(b) UHPC塔筒六阶振型

图 6.14　两塔筒的六阶振型对比

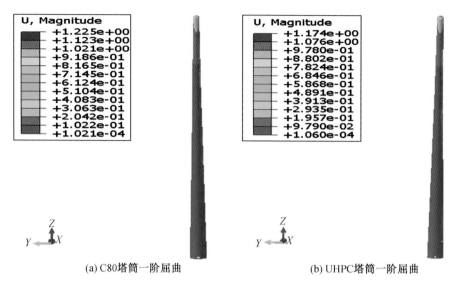

(a) C80塔筒一阶屈曲　　　　　　　　　　　　(b) UHPC塔筒一阶屈曲

图 6.23　两塔筒的一阶屈曲示意图

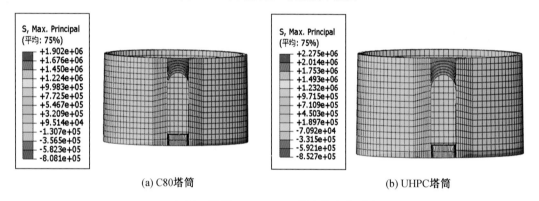

(a) C80塔筒　　　　　　　　　　　　　　(b) UHPC塔筒

图 6.32　塔筒 0.0～4.0 m 段主拉应力对比

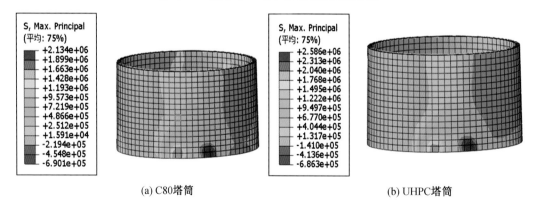

(a) C80塔筒　　　　　　　　　　　　　　(b) UHPC塔筒

图 6.33　塔筒 4.0～8.0 m 段主拉应力对比

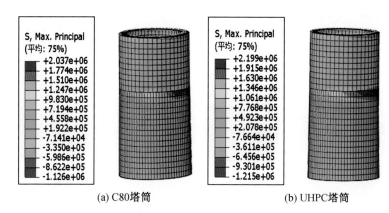

(a) C80塔筒   (b) UHPC塔筒

图 6.34 塔筒 104.0～110.5 m 段主拉应力对比

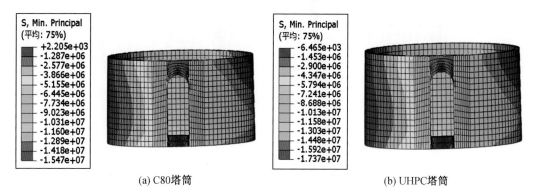

(a) C80塔筒   (b) UHPC塔筒

图 6.35 塔筒 0.0～4.0 m 段主压应力对比

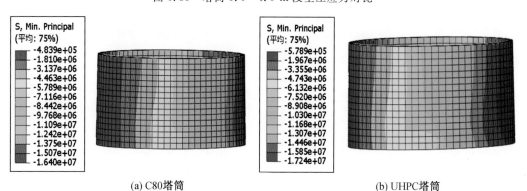

(a) C80塔筒   (b) UHPC塔筒

图 6.36 塔筒 4.0～8.0 m 段主压应力对比

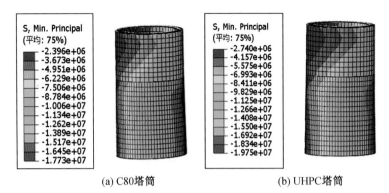

(a) C80塔筒   (b) UHPC塔筒

图 6.37 塔筒 104.0～110.5 m 段主压应力对比

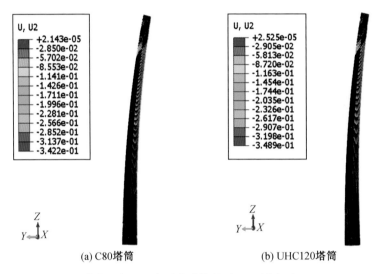

(a) C80塔筒   (b) UHC120塔筒

图 6.39 塔筒混凝土段水平位移结果对比(顶点标高 110.5 m)

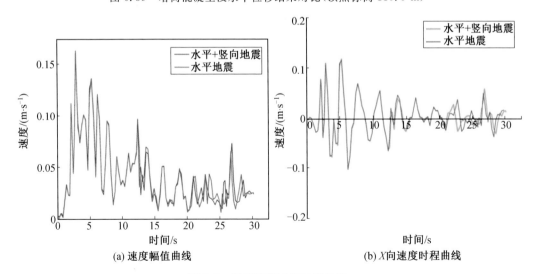

(a) 速度幅值曲线   (b) X向速度时程曲线

图 7.5 塔筒顶部速度时程曲线

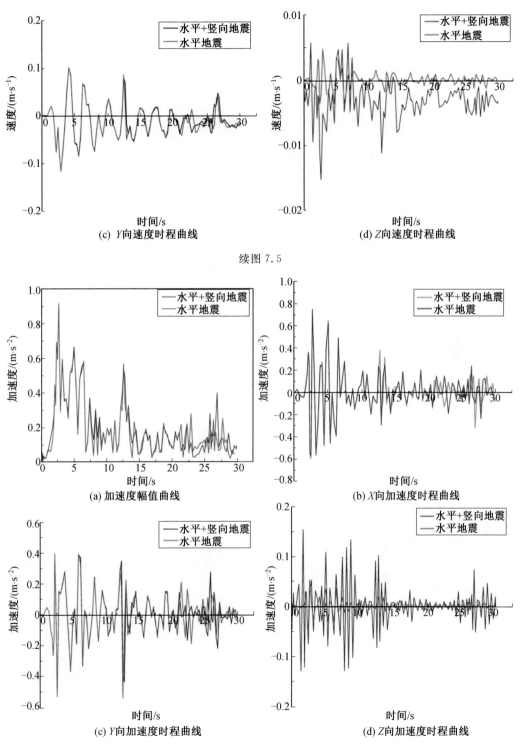

(c) Y向速度时程曲线　　　　　　　　　　(d) Z向速度时程曲线

续图 7.5

(a) 加速度幅值曲线　　　　　　　　　　(b) X向加速度时程曲线

(c) Y向加速度时程曲线　　　　　　　　　(d) Z向加速度时程曲线

图 7.6　塔筒顶部加速度时程曲线

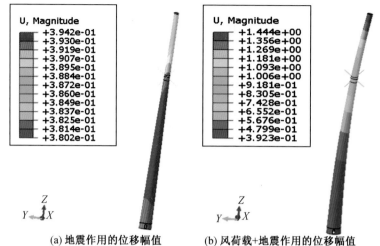

(a) 地震作用的位移幅值   (b) 风荷载+地震作用的位移幅值

图 7.7　塔筒的位移幅值图

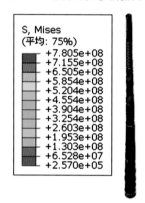

图 8.23　应力云图

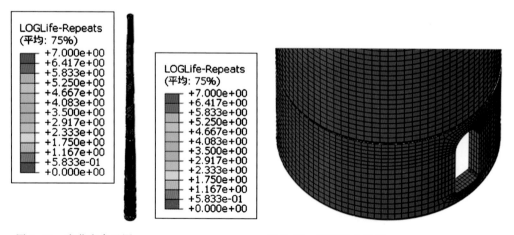

图 8.35　疲劳寿命云图   图 8.36　局部放大云图

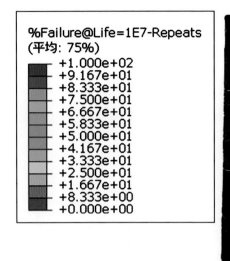

%Failure@Life=1E7-Repeats
(平均: 75%)
+1.000e+02
+9.167e+01
+8.333e+01
+7.500e+01
+6.667e+01
+5.833e+01
+5.000e+01
+4.167e+01
+3.333e+01
+2.500e+01
+1.667e+01
+8.333e+00
+0.000e+00

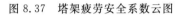

图 8.37 塔架疲劳安全系数云图

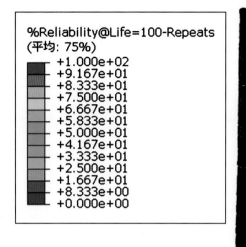

%Reliability@Life=100-Repeats
(平均: 75%)
+1.000e+02
+9.167e+01
+8.333e+01
+7.500e+01
+6.667e+01
+5.833e+01
+5.000e+01
+4.167e+01
+3.333e+01
+2.500e+01
+1.667e+01
+8.333e+00
+0.000e+00

图 8.38 塔架疲劳失效概率云图